中国室内

设计与教育
Design and Education

U0301049

**CHINA
INTERIOR**

中国建筑学会室内设计分会 编

中国水利水电出版社
www.waterpub.com.cn
·北京·

内容提要

本书关注设计和教育，探讨毕业设计教学与实践的结合，思考设计教育现状，展现设计教育人物风采；品鉴办公空间设计与文化的结合，体现建筑和室内设计学术成果，倡导绿色设计理念，分享和传递设计心得和行业动态，为行业发展提供借鉴参考。

本书可供建筑设计、环境设计、室内设计等行业人员使用，也可供高校建筑设计、环境设计、室内设计等专业的师生参考。

图书在版编目（CIP）数据

设计与教育 ：中国室内 / 中国建筑学会室内设计分会编. -- 北京 ：中国水利水电出版社，2017.11
ISBN 978-7-5170-6016-1

Ⅰ．①设… Ⅱ．①中… Ⅲ．①室内装饰设计—教学研究 Ⅳ．①TU238.2-42

中国版本图书馆CIP数据核字（2017）第268936号

书　　名	中国室内 **设计与教育 SHEJI YU JIAOYU**	
作　　者	中国建筑学会室内设计分会　编	
出版发行	中国水利水电出版社	
	（北京市海淀区玉渊潭南路1号 D 座　100038）	
	网址：www.waterpub.com.cn	
	E-ma il:sales@waterpub.com.cn	
	电话：(010)68367658（营销中心）	
经　　售	北京科水图书销售中心（零售）	
	电话：(010)88383994、63202643、68545874	
	全国各地新华书店和相关出版物销售网点	
排　　版	中国建筑学会室内设计分会	
印　　刷	北京雅昌艺术印刷有限公司	
规　　格	230mm×250mm　12开本　12印张　399千字	
版　　次	2017年11月第1版　2017年11月第1次印刷	
印　　数	0001—10000册	
定　　价	**60.00元**	

hoSPI+aL
Design

谷建

陈亮

李辉

黄锡璆

王群

董建华

赵奇侠

医疗
室内设计
培训 x 论坛

主办单位： 中国建筑学会室内设计分
承办单位： 中国中元国际工程有限公
课程时间： 2017年12月7—
培训地点： 北
联系方式： 010-88355

WHAT CAN EDUCATION DO FACING CHALLENGES?

面对挑战，教育能做什么？

当今中国拥有令世界瞩目的经济体量，中国人对衣食住行都有更高的要求，中产阶层人数增加，设计环境趋向良性，有人文学者认为中国正迎来自己的"文艺复兴"时代。在国家政策鼓励下，传统文化和传统手工艺正以更新的面貌拥抱现代生活。中国政府强力推进发展城乡基础设施建设，加大对教育医疗、文化体育、演出展览等公共服务设施的投入，加强在国际事务中国家文化软实力的传播与输出，发展文化产业，鼓励创业创新。

在国家政策和投资推动下，我国众多行业涌现出一波又一波新的增长点和热点，室内设计行业也呈现出明显增长的设计需求，比如美丽乡村建设、文化旅游产业和老城区更新、既有建筑的改造利用、工业化建筑特别是装配式住宅、市级文化设施"三馆一厅"和县级三大医院建设、轨道交通、大型游轮项目、代表国家形象的国际博览会和国际会议的场馆建设和仪式活动、文化创意产业园区、众创空间、各种城市设计周活动，等等。此外，国有企业、民间资本在海外的投资快速增长，国人赴国外工作、学习、生活的人数大幅提升，带动了中国室内设计师和设计品牌走出国门。移动互联网技术与互联网思维不仅改变了很多消费空间的使用方式，也带来了设计公司管理、业务以及信息沟通和传播方式的变化。室内设计成为意义的设计、关系的设计、事件的设计、场景的设计。面临新业态、新技术、新方法的不断涌现，室内设计工作须更加综合、更加系统、更加专业。

教育是有框架、成体系的知识传授，对能力的培养有明确的目标。对于室内设计教学中的核心知识传授与技能的培养来说，形式操作和设计训练隐含着两条学术脉络：一是巴黎美院布扎系统及古典主义；二是包豪斯系统和现代主义。历史研究的线索有风格、空间、建构、图像等不同维度的主题，这些在设计教学中还有待深入挖掘。另外，数字技术对设计、表达方法以及生产建造方式的改变，信息化、系统化、智能化的技术趋势，以大数据为基础的行为研究，互联网时代学校角色的转换和教师任务的调整，对于中国国情的研判和传统文化的整理学习，人才培养从"术业有专攻"到"T型人才"的目标调整，现代化进程中的相位差异造成国际学术前沿与中国现实热点之间的"时差"……这些快速变化要求学校教育在教学理念和教学模式上作出反应和调整。面对势能巨大的中华泱泱大国，面对地区间、人群间差异不小的设计需求和设计修养，只有强调多样性、差异化的特色教学，而不是遵循统一的标准和目标，可能才是中国室内设计教育面对挑战和机遇时适宜的回答。

中央美术学院建筑学院教授　傅祎

高校公开课
COLLEGE OPEN CLASS

演讲
高校创作营
公益课
设计师
创意作品
动手
面对面
高校师生

COLLEGE OPEN CLASS
高校公开课

主办
中国建筑学会室内设计分会

联系电话
010-88356608

活动内容

公益课：优秀青年设计师走进高校进行
面对学生的公益演讲，分享实践经验和
设计感悟。

高校创作营：青年设计师与高校师生一
起动手创作，充分发挥创造力，展出优
秀创意作品。

C
ONTENTS
目录

CHINA
INTERIOR

2017
NO.120

关注

FOCUS

教学与实践的结合（编辑部）

保存"三线"记忆，促进西部经济发展（左琰 朱晓明 杨来申）

《青海大通模式的探索与研究》的价值与贡献（赵健）

The Combination of Teaching and Experience (Editorial Office)

Keep the Memories of the "Three Frontiers", Promote the Economic Development
of the Western Regions (Zuo Yan, Zhu Xiaoming, Yang Laishen)

The Value and Contribution of "Study and Exploration on Datong Mode of Qinghai
Province" (Zhao Jian)

THE COMBINATION OF TEACHING AND EXPERIENCE

This article is a brief discussion with Mr. Chen Jingyong and Ms. Fu Yi to the cooperative teaching and the graduation design of design specialty in colleges and universities. "Interior Design 6+1" is the graduation design form of demand in multi-places, multi-universitis and enterprises, This year is the first year that Central Academy of Fine Arts attempt to show their product level of the graduation works, emphasizing the real material, size and use of a sense of experience.

text Editorial Office

教学与实践的结合

文 编辑部

中国建筑学会室内设计分会（以下简称中国室内）对话陈静勇和傅祎老师，浅议高校设计类专业联合教学和毕业设计。"室内设计 6+1"是多地、多所高校加企业需求的毕业设计活动；中央美术学院今年第一次尝试呈现产品层级的毕业作品，强调真实的材料、尺寸和使用体验。

室内设计 6+1

中国室内：对设计类专业学生来说，毕业设计的创作与实践意义重大，中国建筑学会室内设计分会从 2003 年开始举办的学会"室内设计 6+1"校企联合毕业设计则是对传统毕业设计的全新改变和尝试，请陈静勇老师谈谈"室内设计 6+1"校企联合毕业设计产生的原因？

陈静勇：过去，毕业设计是设计类专业学生开始走向社会，完成学位的考核，称作综合性实践环节。即学生将之前所学，通过课题的方式，有的是真题真做，有的真题假做，做半年之内的学习模拟，从理论到实践，对各种能力作一个综合考核。

计划经济时代，就业需求方向以大院制为导向，学生的毕业设计基本能够合拍。但是，近 10 多年来，情况逐渐发生了变化：一是职业更加市场化；二是学生出路变得多样化。学生无论是出国深造，还是跨校、跨专业考研，与本科阶段专业学习最后的综合检验已经没有明显的对应关系。

"室内设计 6+1"就是通过中国建筑学会室内设计分会的平台，以室内设计教育为总方向，进行一种校校联合的毕业设计尝试，增进不同院校、不同地域教育的传统和背景之间的交流。还有一种毕业设计形式是多专业联合，首先设立一个地块的改造课题，然后由建筑学专业师生牵头，把

城市规划、风景园林、土木结构、水暖电气及工业产品等专业的师生和工作串联起来。中央美院的"四校四导师"就是很好的联合性的尝试。

中国室内："室内设计 6+1"中的"6+1"有什么样的含义呢？"室内设计 6+1"的模式是相对固定的，还是在不断地变化？

陈静勇："室内设计 6+1"以建筑类高校为主，选择建筑专业"老八校"中的四所——同济大学、华南理工大学、哈尔滨工业大学和西安建筑科技大学，涵盖东南西北中不同地域的教育特征，再联合地方建筑高校北京建筑大学和纯艺术类院校南京艺术学院。活动的初衷"+1"的内涵是高校

To maintain its freshness and attraction, the topics for "Interior design 6+1" will have certain changes each year. Different cities host its annual event, mid-term exams and final dissertations are all hosted by different cities, this multi-region rotations help to expand student's horizon.

"室内设计 6+1"
每年的课题热点适当变化,
保持新鲜度和吸引力。
历届活动在不同城市开题,
中期考核和终期答辩也要转换地点,
多地域的轮转为学生展现不同的新视野。

+ 企业,但是随着国家的需求、国际设计行业的需求不断发展变化,"1"成为 X —— 一个变量,代表不同的需求单位。"6+1"发起人吕勤志老师,原在哈工大执教,现在工作调动到浙江工业大学,浙江工业大学也加入今年的"室内设计 6+1"活动,这又是另一个"+1"。

这个变量,就是课题。借助活动,学生提炼几年所学,加强设计思考和交流,这样毕业设计就不仅仅是为了获得学位,而可以为学生打开一扇新的窗,刷新视野,增强对社会的认知力。

"室内设计 6+1"历届课题包括"国家体育场赛后改造室内设计""上海地铁改造环境设计""南京晨光 1865 创意产业园环境设计""北京密云耀阳国际老年公寓环境改造设计"和"传统民居保护性利用设计"。活动在不同城市开题,中期考核和终期答辩也要转换地点,多地域的轮转为学生展现不同的新视野。今年刚刚完成的民居保护课题,我们做了新的尝试,转变为一个总课题统领下的多元设计:7 所高校各自选取当地民居,并与当地开发商或设计企业联合,做了 7 个分课题。"室内设计 6+1"是一个简单的多地、多所学校加企业需求的设计模式,企业根据工程实践条件设立命题,出任务书,企业的总工程师担任总导师。学会或设计院邀请行业专家担任指导评委,开题、中期考核和毕业答辩期间安排专家报告,这样将前沿信息从行业的管理者、工程设计、实

施运维等不同的点串起来,变成学术讲座,学生从中既能收获知识、开拓视野,又能展示设计方案、相互交流。

所以,"6+1"数字上的内涵越来越宽了。过程上,前六个月是辅导,最后是年会期间的展览月,形成七个月的节奏。结构上,从前期的命题会到开题、中期考核、终期答辩,还有专家报告和一个展览及一本书,也是"6+1"。总结起来,数字上也有很多巧合,希望很多的变量为学生将来的发展提供支持。

中央美院建筑学院联合毕业设计教学

中国室内: 傅祎老师,请谈谈中央美院联合设计教学和毕业设计的发展过程?

傅祎: 国内建筑院校的联合教学始创于 2007 年,从建筑专业的毕业设计教学开始的,目的是探讨通过跨校教学合作来提高人才培养水平的各种可能性。发起学校包括清华大学、同济大学、东南大学、天津大学、北京建筑工程学院(现为北京建筑大学)和中央美术学院,发起人是北建工的汤羽扬教授和东南大学的仲德崑教授,当时我主管教学,就参与了首次联合教学的组织工作。那年联合教学的最终成果在北京 798 时态空间做了展览,与在中央美院举办的"2007 年度建筑院系院长系主任大会暨国际建筑教育大会"同步举办,

由我们美院操办,选题就是关于 798 的。作为首次联合教学活动,还是办得很成功的,这其中,央美的教学也是令人有所期待的,同其他五所功底扎实、教学严谨的综合性大学相比较,央美学生的作品比较另类,概念、表达和独立性都比较突出。还有陈老师提到的"四校四导师"的项目,由我们学院的王铁老师牵头,规模比较大,参与学校也较多,很有影响力,这个项目现在每年还在持续进行。

另外一个项目,是美术院校开办建筑专业教学的四所学校之间的联合毕业设计教学活动,央美这儿由我主持,这个活动从 2009 年开始,连续举办了五年,发起学校是中央美术学院、广州美术学院和上海大学美术学院。后来在广州美院杨岩老师的提议下,第二年,四川美术学院也加入了。每年的 3-6 月,四所美院建筑与环境艺术设计专业的毕业班学生围绕同一个选题开展毕业设计,四所美院的教师组成联合毕业教学指导小组,分别到四所美院进行毕业设计指导,最终以公开展览、研讨会和出版物的形式将这一教学活动推向高潮,在校内外产生了广泛的影响。这是一个跨越规划、建筑、室内、景观专业的毕业设计教学平台。四校联合毕业设计教学的规模一直控制得比较好,老师和学生人数都比较少,大家交流比较充分,成为美院背景下深度交流与合作的教学项目。

中央美院建筑学院十工作室毕业作品
织山（张艺）

中央美院建筑学院十工作室毕业作品
雾林（莫奈欣）

中央美院建筑学院十工作室毕业作品
障碍物（王铁棠）

中国室内： 各校是同一个题目吗？

傅祎： 第一年是循环出题，你出的题我来做，我出的题他来做，从第二年起依次由上海大学美术学院、广州美术学院、四川美术学院轮流出题，大家做同一个课题，出题学校轮流主持活动，办展览，联系出版社出版相关出版物。第五年，我们做了新的尝试，通过展览带动教学，由央美提出展览的主题和学术主旨，各学校进一步深化"解题"，提出自己的毕业设计选题。

联合教学与毕业设计的实践与思考

中国室内： 两位老师做了一段时间毕业设计课题之后，认为从课题的选择到学生的参与度以及对社会的影响，有怎样的趋势？

傅祎： 联合教学可以促进不同教学理念和方法相互碰撞，激发出思想的火花，激励教学上的创造性，参与的院校之间形成一个互为参照、互为影响、共同提高的教学格局，学生突破了原有的教学环境和自己学校的评价体系，能听到来自不同学校老师的不同建议，进入一种新鲜、刺激的教学环境，

学校之间多少有些同台竞技的意思，有益于激发学生毕业创作的热情。我主持的四校联合教学活动采用的是"学生少动老师动"的原则，设置了对中期成果的教师组进行四校巡回评审的环节，在终期，所有参与活动的师生集结到主办学校，举办了教学研讨、成果展览和结营仪式。但做了一轮之后，老师们担心教学重复、研究深入不下去：一是彼此提供的"营养"相较刚开始，觉着有点不够了；二是各学校有各自的评价体系，选题既要有深度还要四个学校都认可，协调起来比较困难，我们就暂时停下来，等想到更新、更好的方式，再继续。

我也请教陈老师一个问题，"6+1"课题加入"*X*"的因素之后，学生能在毕业设计选题中接触到社会热点，这个"*X*"因素使得教学上有哪些收获？是否存在与教学节奏不太吻合的地方？

陈静勇： 我很认同傅老师的看法，所以，每年的课题热点要适当变化，保持新鲜度和吸引力。对于老师来说，每年毕业设计备课要有新的内容。命题会请专家介绍题目，了解老师希望达到怎样

的共同点，切入点在哪里。各学校自己组织运行和答辩，答辩水平获得认可的设计，可以作为学校毕业等同的成绩，或者按照学校毕业设计要求，再次整理。这一点，各学校根据实际情况平衡把握。

这个活动不搞分会场，所有的老师和学生都在一起答辩。最初，各学校因为兴趣而参与，没有赞助，费用 AA 制。负责开题、中期考核和终期答辩的学校，承担相应的费用。因此，活动的规模相对较小，各学校都能够承受。负责出任务书的工程师和演讲专家，也是出于兴趣，想通过这个活动观察各个学校的教育情况和学生素质。

傅祎： 专家也是自己承担费用？

陈静勇： 开始是这样，这几年条件有所改观，有时会与其他活动结合，或者由学会邀请演讲嘉宾。每年大家都有所期盼，今年怎么组织，明年怎么组织，有一个变量，增加老师的兴趣。有的老师提出能否加上港澳台地区或者亚洲的概念，这需要慢慢地发展壮大。

目前，"6+1"有四个专业参与：一是建筑学，

中央美院建筑学院十工作室毕业作品
积微书屋（于佳涵）

中央美院建筑学院十工作室毕业作品
折叠屋（梁岩）

二是过去的艺术设计现在的环境设计，三是室内设计，四是景观设计。不同的专业通过一个热点问题串起来，面向行业，一起交流。

北京建筑大学的设计专业是隔年招生，一年招收工业设计专业学生，另一年招收环境设计专业学生，两个专业在同一个教研室，有不同的侧重点。南京艺术学院并不是环境设计专业参与活动，而是工业设计学院的展示专业，所以可以看到不同专业的学生对社会需求的显现，很有意思，大家挺感兴趣。

中国室内：今年，傅老师第十工作室的学生毕业作品在社会上有很好的反响，这个题目是如何设计的？

傅祎：这个结果不是提前设计的，我们设计的是教学问题，即今年的毕业设计要解决什么问题。

我们工作室研究的方向是建筑室内一体化设计，每年的毕业设计都是一次实验，选题时，对已有的室内设计教学体系中没太关注的问题和方面，

我们就试一试，各种方向的尝试。工作室刚刚成立前两年的毕业选题比较激进，从规划、建筑到室内的整体设计，结果发现较短的教学时间内学生难以全面顾及。后来开始分专题，每年做一个专门的选题，一个选题一般至少做两年，然后再换方向。以往的选题主要是两个方向：一是在一个两三千平方米的建筑空间里进行二次空间设计，实际就是一个室内的建筑设计或者是个"地景"设计，除了不需考虑耐候因素外，其他与建筑设计的方法是相同的；二是小规模的、1000平方米以下的建筑设计，场地一般选在北京的胡同片区，没有可视的整体的建筑形体，外观就是"立面"，看似是做建筑设计，方法却是"室内"的。

大多时候，第十工作室要求学生用模型推进设计，不出效果图。模型能够全方位、整体性地观察和验证设计概念和推敲过程。模型既要表达概念，也用于推敲设计，而不仅仅是最后的成果表现手段，这是我们想做的。

当学生做到1:20的模型时，就要在材料层面上考

虑连接，虽然这不是真实的连接，是模型层面的连接，那也是细部设计能力、对材质材料的感受能力的训练，这是室内设计方向的学生必须具备的素质。我们一直想推进足尺模型的研究，哪怕是一个节点，但一直都没有实现。1:1的真实搭建，就必须是小规模小尺度的设计，这样才能达成一定的研究深度，否则就会流于形式或者难以掌控。

今年，恰好我们团队的韩文强老师做了一个木结构的项目，合作的木结构施工企业愿意为我们工作室的毕业设计提供无条件的援助。我们就把课题的规模控制在3米×3米×3米的范围，一方面考虑成本的控制，另一方面考虑材料易于加工运输，也为了让设计达到一定的深度。

中国室内：材料是工厂定制的？

傅祎：模型推进分三个阶段。首先，制作方案模型，1:10～1:5。做1:5模型的时候，学生已经能够了解材料处理的工艺和工序了。其次，改进方案，这项工作在学校完成，学生自行在"万能的淘宝"上解决。最后，1:1实体搭建就在工厂定制了。我们要求作品进入展场前要在工厂里预搭，学生

要到工厂里盯着，检验工序、调整节点，一切好了，再进展场，到学校再搭建一次。学生们吃住在工厂，和技术工人一道调整方案。

我们第一次尝试这种方式，强调毕业作品要有真实尺寸、真实材料和真实使用的体验，最后呈现出产品层级的而不是方案程度的毕业作品，达成学生在学期间其他课程作业没有的研究效果。而后来产生的社会效应，有其自身发展的轨迹，并不是我们曾经预想的。据说这批作品，在茶艺空间的经营者那里反响很好，好几个学生的作品后续被邀请参加各种展览。我想是因为这批作品体量小，没有特定的功能，教学上也要求设计有意境，这大概就和茶事茶会产生了关系。

这次毕业设计对学生来说是一种考验，那些体验可以说是惊心动魄，活动受到很多人的喜欢和社会的关注。在活动过程中老师们对学生做了很多心理辅导的工作，不时地鼓励，帮着解决问题，与之前几年的教学有很大的不同。

中国室内：与原来的毕业设计完全不同，老师的感觉是否也很特别？

傅祎：一趟冒险之旅，没有经验可循，学生紧张，老师也很紧张，但我们不能表现出来。厂家也没有料到：这么小的东西，做起来会有那么多的困难。每个部件都不是标准规格的，提供的复合木材料并不适合所有的方案，必须临时改换材料，产生的额外费用超出了厂家的预想。课题最初设定的搭建场地不是在美院，后来向学校申请，更换了场地，另外有些方案没有考虑场地耐候性，临时更换了材料。获得的教学经验就是，确定了课题和初步方案后，就要了解材料，根据材料的性能调整结构的合理性。

从教学研究的深度来说，还需要加强，但我们确实是开始了一种尝试。学生身体力行，能够真正将自己的设计和场地与实施的整个过程合而为一，这很考验学生的忍耐力和解决问题的综合能力。

虽然我们的毕业设计不以职业培训为目的，但相信学生的能力已经能与设计单位的职业要求做到很好的对接了。

现场有很多事情需要学生自己决断，例如材料达不到要求、施工条件是手工搭建还是机械搭建，很多因素将涉及方案修改，如何最大限度地保存方案的特质——这些也是成熟设计师经常要面对的问题，所以也锻炼了学生的设计协调能力。

中国室内：是否出现过无法进展下去的情况？

傅祎：没有。老师负责把控整个过程，心里有底。学生在大一时就做过 1:1 的实体搭建，小组的毕业设计还做 1:1，最后的底线不过是搭成一年级的那样，一个人完成。我们没有统一的评判标准，要求学生从自己的问题和概念出发，坚持最初的方向。如果过程中不断修改，改变了初衷，即使成品完成很好，评价也不会很高。

中国室内：有这样的案例吗？

傅祎：有的。我们的课题最初设定是要在一个老旧小区里搭建一个能够激发或提升公共空间质量的作品，学生们就去通州一个老旧小区调查，围绕这个小区公共生活和公共空间的缺陷解决问题。有个学生的方案叫"折叠屋"，概念很好，可以组合变化，一定程度上是一组城市家具，从回应问题的角度来说是一个非常好的设计，终审评委的评价都很好。但是从课题设计的角度来说，它过于简单，太直接地就得到了结果，所以就不能给最好的成绩，我们是想告诉学生可以从另外一个角度去判断事情。

陈静勇：学生在毕业设计环节，要花大量时间实习和找工作，或者准备考研、出国，受到很多因素影响，毕业设计对学生真正的作用是什么，傅老师这是一个很好的实验。通过这样一个综合教育环节营造出就业前的实践，学生到企业马上就能上手干，受欢迎。这种教学实验中，学生的收获、老师工作室的收获，都是值得总结的。

傅祎：厂家只提供主要材料，连接点怎么设计，用什么材料需要学生自己找，然后去试验。

It is an adventure trip and no experience to rely on. The students learn from working, and are able to put their own designs into the whole process that includes location and construction, this is a great way to test the students' abilities of endurance and problem-solving.

一趟冒险之旅，
没有经验可循。
学生身体力行，
能够真正将自己的设计和场地、
实施的整个过程合而为一，
这很考验学生的忍耐力
和解决问题的综合能力。

陈静勇：过去只是画效果图，现实的很多东西不能通过图式的思路解决，现在通过模型推演变成1:1的实物，学生得学会怎么解决问题。

中国室内：这是未来毕业设计的方向吗？

傅袆：明年肯定要再做一年，这样的尝试需要太多外部条件的支持，我们一直想做1:1，但总是不具备条件，恰好今年赶上有赞助。这种模式非常好，继续下去的话也不一定只是放在毕业设计环节，要看实际情况。说这是工作室未来毕业设计的方向，为时尚早。

陈静勇：工业设计专业一直坚持至少做一个样机，工厂等外部资源可以参与，在样机成品展览过程中，学生可以学习到课堂上没有的知识。建筑设计限于规模，只能做模型、推演，而且正在推行工业化建筑。在毕业设计短短的几个月里，室内设计需要整合很多客观因素，确实比较困难，但还是可以尝试的。

傅袆：现在，国家也正在推行装配式、产业化木结构体系，从这个角度来看，用木材做设计，会有两个发展方向。如果作品尺寸比较小，涉及材料、结构和工艺、工序以及造型的问题，具有简单的使用功能，加上赋予一定的内涵和意境，这是室内设计方向可以研究的。如果涉及标准化、装配式工艺、工厂加工，则需要有较强的耐候性建筑，对学校来说，可以是个很好的学科战略布点。

陈静勇：我们学校也有类似的搭建，但是受限于场地、时间、材料等因素，做得不够精致，只能是临时性的。毕业设计能做出有必要功能和需求的装置，这是一个比较好的教学实验。

中国室内：给出一个领域，让学生自己去解决问题，是毕业设计的创新方式。

傅袆：算吧。设计的概念要落地，作品有可能产品化，未来实现一定程度的市场转化。

中央美院建筑学院十工作室毕业作品
源润舍（陈建盛）

中央美院建筑学院十工作室毕业作品
折叠屋（梁岩）

设计教育的变化与发展

中国室内： 近年来，做毕业设计的学生有什么样的变化？是更理想主义，还是更现实主义？

陈静勇： 20 世纪八九十年代，毕业设计都是扎扎实实的，反映出当时的学生对技术、功能和方案的掌握能力。现在，面对多元选择，很多学生选择出国留学或者考研，投入毕业设计的时间和精力大大减少。学校成绩评价虽然采用末位淘汰制，但是信息发达社会，对学生还有其他的评价体系，这些因素对教学组织都有一定的冲击。

回看近 30 年来的教学历程，大体上，每五年会有一个转变。现在新生事物吸引力很大，对毕业设计固有的方式乃至教育工作都是一个很大的挑战。新时期对于学生的评价，能否有新的方式方法，而不是采用毕业设计的唯一方式？

傅祎： 中央美院的毕业设计教学一直采用工作室的方式，每个工作室都有自己的传统，比如选题方向、工作强度等，学生选择了一个工作室，也就有思想上的准备。我们的学生出国、考研等主要集中在上半学年，这段时间的教学计划就安排得较为弹性，一些教学上的规定动作就提前或者延后进行。

陈静勇： 学生从几年级开始分到你的工作室？

傅祎： 我们是五年制，大四学生在"五一"节后进入工作室，共一年加八周的时间。学生进入我们工作室，先学习集中强化课程，同时帮大五的学生做毕业设计，参与毕业展览工作，见识毕业答辩。暑假，学生们去设计机构实习，不考研、不出国的学生，实习期就可以延长。寒假过后的下半学年，所有人全身心投入毕业设计。我们希望学生们的毕业创作不仅是对大学五年学习的总结，而且能收获第一个设计作品——这对未来进入设计行业也是有意义的，所以学生们都会认真对待。

陈静勇： 工作室之间劳动强度的差别很大吗？

傅祎： 中央美院的 10 个工作室有四个专业方向：城市、建筑、景观、室内。教学上有一定的自由，工作室开题须经所有工作室导师的认可，但教学和毕业答辩是各自独立的，各工作室之间会有一些差别，最终的评奖，所有工作室是相通的，学生们会面临一些压力。

中国室内： 有的学校会请社会上的明星设计师或者设计院总工等带学生做设计，中央美院或者北京建筑大学存在这种形式吗？

傅祎： 我们在毕业答辩环节会邀请校外设计师，教学过程中不会。

陈静勇： 我们不会。可以采用双导师制，但不可能把学生完全交给行业的。

傅祎： 有的学校会请设计师来学校带毕业设计，与职业培训衔接得非常紧密，这跟学校定位有关。

中国室内： 学生应该尽快接触社会，还是先学习理论拓展自己再接触社会，两位老师对此怎么看？

陈静勇： 目前教育有两种类型：一种是培养应用型人才的职业教育，学生毕业直接进入行业一线，企业对这类学生的要求是能干活、上手快；另一种是研究型教育，对人才培养要形成一个主线，前面有探索和引导，后面有研究生培养，还有教授的工作室。不可能都做应用型教育，两条路都要走。

There are two types of education, one is to train professionals, these students should have strong hands-on abilities.
The other is to train researchers, its main focus is on the person themselves. It is not possible to focus only on training professionals, we have to be on both tracks.

教育有两种类型，
一种是培养应用型人才的职业教育，
对学生培养目标是能干活、上手快；
另一种是研究型教育，
对人才培养要形成一个主线。
不可能都做应用型教育，
两条路都要走。

傅祎：是的。地域、学校以及学生个体存在差异，不能一概而论。

中国室内：中央美院的教育是否更突出个性，培养的学生基本上都不是应用型人才？

傅祎：不能简单下结论。如何评价职业的能力？是否足够实践应用？应用型人才的评价标准又是什么？尽管室内设计很商业化，也因为商业竞争，室内设计行业更接近前端的实验，接近最新的技术，接近人心的需求，学生能否灵敏地体察新的办法、新的技术，引领潮流，这是学校教育应该思考的问题；学习能力、研究能力、造型能力、审美能力，以及这些能力以什么样的载体呈现，可能就是教学要研究的，不能简单地用社会的标准衡量。30 年前，是市场引领室内设计教学，市场需要在先，学校适应市场需要在后。现在，市场达到一定的饱和，设计从解决有无发展到解决好坏的阶段了，设计师甚至要回答设计的对错问题，至少一部分学校应该以独立的姿态站出来。

中国室内：现在，学生使用计算机软件做动画、做模型都非常逼真，中央美院的学生坚持用模型做设计，为什么？

傅祎：也用计算机，尤其是尺度比较大的空间设计，只用模型手段是不够的。用软件做设计，要有出发点，要弄明白为什么要画这个图，怎么用这个图，要解决或者表达什么样的问题。作为一种推敲工具，计算机制图效率比较高，我们并不排斥它，但要考虑用在什么阶段。如果做模型同时还要出效果图，就属于浪费时间；如果模型比例小，拍不成照片，还是需要借助计算机出效果图。（本文对谈者陈静勇为北京建筑大学教授，傅祎为中央美术学院教授）

"6+1"设计作品
效果图

"6+1"设计作品
功能分区模型图

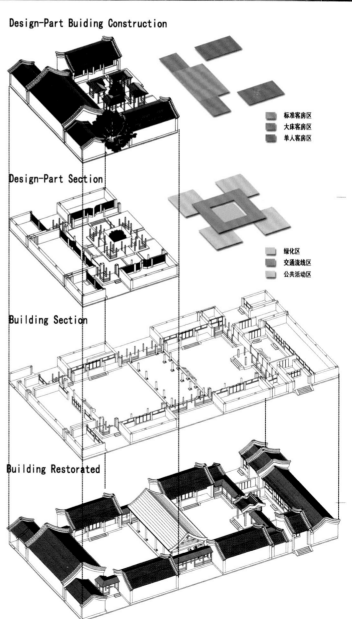

Design-Part Buiding Construction

标准客房区
大床客房区
单人客房区

Design-Part Section

绿化区
交通流线区
公共活动区

Building Section

Building Restorated

保存"三线"记忆，促进西部经济发展

KEEP THE MEMORIES OF THE "THREE FRONTIERS", PROMOTE THE ECONOMIC DEVELOPMENT OF THE WESTERN REGIONS

文　左琰 朱晓明 杨来申
text　Zuo Yan, Zhu Xiaoming, Yang Laishen

705 厂再生设计工作营的成果经过扩展和深化，可供西部"三线"地区城镇建设的决策部门、建筑遗产保护管理者、建筑师、规划师和广大学生参考。

After expansion and deepening the results of the design studio for the rebirth of the number 705 factory, they could be used as reference by the decision-making departments to rebuild towns and cities in the western "three frontiers" regions, the managements of historic architecture protection, architects, planners, and many students.

青海聚集了国家"三线"建设时期许多国防军工企业，这些企业如今大部分都废弃了，亟待转型利用。《青海大通模式的探索与研究》一书以青海大通光明化工厂（705 厂）及其附属厂为主体对象，以 2014 年青海大通工业遗产再生设计营的成果整理为基础，以点带面地深入剖析了西部"三线"地区工业遗产，特别是青海"三线"军工遗产的历史意义和保护价值，通过学者和当地政府及民间力量的多方合作下的新"三线"建设的实践与思考，探索西部开发新战略下青海"三线"工业遗产在当代城镇化建设中的命运和出路。

长期以来，西部地区的经济发展由于受自然、历史、社会等因素的影响较东部地区相对落后，因此加速西部地区发展在我国始终有着战略上的重要意义，它是缩小地区差距，改善生态环境，保持国民经济持续健康发展，保持社会稳定、民族团结和边疆安全的重要保证。

20 世纪 60 年代，国家为了应对复杂的国际政治局势以及发生大规模军事冲突的可能性，在中国广大的西部地区建设工业基地。青海的军事工业、核 工 业 以 52、56、221、701、704、705、706、805、806、535 等工厂为代表，这些企业为中国第一颗原子弹、第一颗氢弹的实验成功做出了巨大的贡献，青海工业强县大通县就留下了这样一批"三线"军事工业遗产。20 世纪 90 年代，这些"三线"军工厂大都转产改制，留下了一批旧厂房处于弃置状态。这些承载着几代人梦想、奋斗和记忆的历史空间在产业转型和城市发展中逐渐被人遗忘，亟待抢救性保护与再利用。

2011 年，作为青海工业强县的大通县启动了东部新城建设，主要以科技、文化、体育、教育、旅游、休闲等现代服务业为发展方向，着力打造宜居、宜游、宜商、可持续发展的现代化新城，

01 ~ 02
调研汇报
03
705 厂区平面图
04 ~ 05
汇报研讨

实现省委、省政府关于"大通要在全省东部城市群建设中发挥领跑作用"的总体要求。然而这些军工企业都属于国防保密工业，加上区位分散隐蔽、停产废弃多年，许多人并不认识它们的真实面容和历史价值。

为了进一步推动 705 厂的转型和盘活，使之带动其所处的东部新城经济和城市发展，2014 年 7 月，左琰、杨来申发起并联合大通县政府举办了一次针对 705 厂再生的设计工作营，邀请清华大学、同济大学、天津大学、东南大学、哈尔滨工业大学等国内著名高校的专家学者和学生们集聚大通，在短短的 8 天时间里在厂区展开现场记录和调研，并根据当地城市经济和生态环境的发展特点为政府出谋划策。作为我国第一个自主研发生产重水的大型企业，705 厂昔日的辉煌已经不

再，其遗产价值在快速的城镇化进程中尚未被充分认识。设计营期间，学者和政府充分沟通，对 705 厂的历史地位和再生价值有了更深的认识。设计营因结合了高校和政府的资源优势，在规模、方式、专业性和社会影响力等方面都在青海建设史上尚属首次，对在城镇化发展背景下更好地推进工业遗产保护与再生实践具有较好的实践参考意义。

当前，国家发出的"一带一路"倡议，其发展中心在西部，"三线"建设与"一带一路"地理分布极为相近乃至重合，通过"一带一路"，"三线"地区将打破地区的局限性，不同类型的城镇将被重新定位，西部地区又一次站在了历史复兴的交叉点上。

《青海大通模式的探索与研究》由青海大通设计营的成果扩展和深化而来，可供西部"三线"地区城镇建设的决策部门、建筑遗产保护管理者、建筑师、规划师和广大学生参考。设计营通过整合政府、学界和社会的多种力量，将"三线"工业遗产再生纳入到新的城镇发展规划中去，探索促进西部经济发展和保存"三线"记忆相结合的创新实践模式，这正是本书的亮点和价值所在。希望本书的出版有助于学术成果向实施性转化，为青海"三线"工业遗产保护利用和西部再开发建设贡献一份力量。（**本文作者左琰、朱晓明为同济大学建筑与城市规划学院教授、博士生导师，杨来申为青海蓝野环境艺术设计有限公司负责人**）

THE VALUE AND CONTRIBUTION OF "STUDY AND EXPLORATION ON DATONG MODE OF QINGHAI PROVINCE"

To explore and study through the student group, academic group, and the forum group, there are clear delineation among the "three routes". Present the contributions of the original location from three angles: the contributions of the "concept", of the "rebirth", and of the "darning"

text　Zhao Jian

《青海大通模式的探索与研究》的价值与贡献

文　赵健

705 厂三车间冷却塔

通过学生组、学术组和访谈组进行探索与研究，"三条线"分工明确、相互映照。从三个角度体现出在地的贡献：对"定义"的贡献，对"再生"的贡献，对"织补"的贡献。

矩阵的价值——"三条线"分工明确、相互映照

第一线（学生组），侧重于对应"在地物理空间自组织及再生方式"，以调研、测绘、梳理、取舍、重组、置换等方法，践行专业学习与社会服务的"本分"，以顺势而为的成果物，为"另两条线"的展开，提供话题和佐证。

第二线（学术组），侧重于对应"在地物理空间与广域发展愿景之间的连动价值及概念搭建"，以形而上的"政策"、形而中的"规划"以及形而下的"保护"，形成相对全方位和多层次的价值矩阵，为本次活动标定出超凡的厚度与广度。

第三线（访谈组），侧重于"未记录、正消失"，尤其是情感与记忆层面的丰富且零碎、立体并具因果关系的非物质遗产的搜索和串连。以专访、录音、拍摄、查阅、检索、链接等方式，接续、串联、衍展出有关重水、两弹、军工会战、"三线"建设、青海化工等特定时空和特定大环境的巨细物象。

在地的贡献

对"定义"的贡献。由"已废弃的"地理场景，转义为"须强调的"历史时段：705不是堆积的建筑垃圾，不是盘据并横亘在东部新城的钉子户；705是国家"三线"建设运行的刻度，是青海现代工业起始的地标。由"历史解密"，转义为"国家记忆"：对这一题材的悉心打磨，可望形成以地理地貌为基点、阶段性国家策略和国家动员为张力，而全介质多维度呈现的"国家记忆"。

对"再生"的贡献。再生，不是为"设备"再生，不是为"产品"再生，而是再生与"生产重水不同的"现代人群活动方式。再生，不是为每日与此相伴的重复且规律生存着的人群，而是为跨越组织、跨越团体、跨越年龄、跨越地区的人群，为对应或深体验、或浅阅读、或顺便、或专程的人次、组次、团次、批次等人群。再生，是上述的人群将冲着什么目标而来，我们应给上述人群什么样"到来的理由"。能让上述人群在此呆上或两小时，或半日，或全日甚至住下来的诸多介质的构成策略与自运行机制等，应是"再生"的核心。

对"织补"的贡献。705的建物形态虽"风烛残年"（例如墙体、玻璃窗），但它的筋骨"仍然硬朗"（例如梁柱结构）。705的产业设备虽已经"残疾且满布老年斑"，但其基本形态、构件与体量，仍足以令现代人惊讶并折服……这些因"几十年时差"而呈现的特殊性本身，既无需重新整容，也无需重新诠释，可能只需为它们的"伤口"做微创手术，为它们的身躯检疫保洁；在它们"相互之间"，如耳语和搀扶般小心呵护——或递一副手杖，或撑一把伞；再有，在它们"周边"，以"低维护"甚至"自维护"的方式，再去延展那些"活化"的内容，且活化的核心又在于"有自循环和自组织属性与前景"的嵌件和模块。这些，形成"织补"的核心。**（本文作者为广州美术学院原副院长、中国高等教育学会设计专业委员会副主任、广州美术学院学术委员会主任）**

705厂位于大通县东部新城范围内

FIGURES

人物

特邀采编：徐天舒

赵健
Zhao Jian

广州美术学院原副院长
中国高等教育学会设计专业委员会副主任
广州美术学院学术委员会主任

扫描二维码观看视频
赵健：设计·场域·差异

ZHAO JIAN, THE GUIDE OF GUANGZHOU LANDMARK DESIGN AND THE DESIGN EDUCATION OF GUANGZHOU ACADEMY OF FINE ARTS

text Sherman Lin

林学明（左）与赵健（右）

赵健，
广州地标设计与广美设计教育的引导者

文　林学明

The boundaries of design are blurry. Blurriness is progress, is avant-garde, is innovation. Of course blurry is not the same as "boundless ". The value representation of design is mainly about application, about marketing, and about summary.

设计边界是模糊的。模糊是进步，模糊是先锋，模糊是创造。当然，模糊不等于"漫无边际"。设计的价值呈现主要还是关乎运用，关乎市场，关乎综合。

我认识的院校老师中，赵健教授是比较特别、突出的一位。他是中国改革开放以后第一批接触国外先进设计理念的学者之一，由于勤奋好学，得到我国现代设计教育前辈尹定邦先生的特别推荐，也得到亚洲基础造型学会会长、日本筑波大学教授朝仓直已先生的赏识。除投身设计教育外，他还主持过很多大型综合设计项目。在担任广州美术学院副院长之前，赵健已经有丰富的国外留学、工作以及设计教育经验，可谓设计作品多产、理论建树深厚、桃李满天下。

室内设计 30 年

林学明：我非常欣赏和敬重你的学识。请结合个人经历，谈谈对中国设计的认识。

赵健： 30 年前，我们就开始讲（现代）设计、讲艺术；30 年后的今天，我们虽仍延用"艺术、设计"这些概念，但它们的价值、内涵以及语境有了很大变化，这些变化客观上成为我们这代人成长的见证和记录。

过去，室内讲的是建筑与人的关系，室外讲的是建筑和环境的关系。今天，虽然仍在用"室内"这个词，但应该都没有把"室内"限定在纯粹的物理空间（房子）这个层面。与空间相关的设计，涉及更多的是人与多元信息的交互关系。换句话说，远不止于我们原先关注的这个物理空间，而更多地涉及快速且非线性衍变着的人的需求、情感、行为以及人们对空间价值的判断和演绎，设计更多的是从物理空间或外延开来或内化进去的更大的范畴。因此，30 多年来，"室内设计"称谓没变，但它的内涵和外延的变化却是极其深刻和快速的。或者说，今天室内设计关注的、着眼的或将要处理的，绝不局限于工程与构建意义上的材料、设备、色彩以及感观，不局限于所谓文化意义上的搭配、装置、调性等，不局限于各类名词和概念所狭义标定的内容。

广州歌剧院

林学明： 关于广州新中轴线上几座重要的建筑，其中扎哈设计的广州歌剧院，曾遭到很多人反对，有很多不同的看法，有人说她特别不注重地域风格与文化。在这种评论环境下，你如何看待广州歌剧院这座广州的新地标，当时你主持的（室内）评审会极力推崇它，理由是什么？

赵健： 今天，扎哈已是中国设计业界无人不知的大明星。但是在 20 年前，她的形象则仅属"另类设计师"。这种形象的设计者在国内的第一件作品，无论是出于偶然或必然、机缘巧合或强力促成，能被选中并实施，对广州来说都是"惊险取胜"的大好事。甚至可以说，作为一个设计事件，它给广州带来的正面效应怎么拔高都不过份。若时过境迁，广州可能不再会有那个时代的精气神，不会选择或"承受不起"她的作品。因此这件事对于广州来说是一件好事，是一个机会，是一道曙光。它使广东在自认很完整的岭南文脉（例如广州中轴线）上，适时嵌入一个异质化、国际化、前沿的带有实验与先锋性质的多义的座标。

另外，对扎哈这样的建筑师来说，"因地制宜、顺势而为"不是她的价值，而在哪里都能搅动当地的原有生态，并有力地冲撞和激活当地的固化形象——强力并重新标定地域气质和空间性状，才是"扎哈设计"的独特价值。

当然，十几年后的今天再看，广州歌剧院存在的缺憾（尤其是施工质量）多多，但比照这座建筑先于任何一件扎哈作品率先矗立于广州的复合价值，有关施工的遗憾似可略去不计。

广州西塔

林学明： 从广州歌剧院开始，扎哈的设计观念对国内建筑产生很大的冲击。你参与了珠江新城等很多重大项目的评审，哪些项目对广州的建设有重大影响？

赵健： 广州新中轴线重大项目包括广州歌剧院、广州塔（"小蛮腰"）、西塔、东塔、博物馆、图书馆等大约 30 多座"超级建筑"。以我参与的地标建筑"西塔"室内设计方案评审为例：当时经业主方预选，大概有 7 家设计团队参与终极 PK。其中，国外团队占多数，然后是中外合作团队，还有广州本土的团队。结果，广州本土的团队获得了室内公共空间的设计权。其实，中标方案中有很多内容，评审专家们觉得无论从形态组织、还是实施可能及材料组合等，都不太现实，因而建议放弃这个方案。我则竭力说服与会专家们：面对西塔这样的超级建筑，我们不宜仅用自身习惯的逻辑和过去的经验来比照今天的设计。何况（西塔）室内设计方案评审之时，建筑本体的施工才刚出地面。换句话说，室内设计的实施，将是 3 年以后的事情。以现今这种科技进步的速度，我们今天以"绝对的把握"将方案定下来，也许明天它就没有生命力了。相反，我们现在如能容

忍"不可行"，3 年之后就是"可行"的了。比较欣慰的是，专家组最后接受了我的意见。西塔的建设过程也高强度锻炼了这支设计队伍，现在，这支队伍已成长为国内专事超高层建筑室内设计最有实力的团队之一。这也说明了设计具有潜在性——当我们动手做一个设计的时候，被影响的绝对不是我们自己。所以，像我们这样的人，在当下最重要的能力，可能是学习能力。在学习能力当中可能又是预判能力——尽量避免拿过去习惯的东西来揣度明天将发生的事情。

设计须向前看，须有新技术，这不言而喻。但对于"新"，是生吞活剥还是顺势而为，则是新技术时代有关设计的迫切课题。同样以广州西塔为例，它的外观照明系统当然是新科技的系统（至少是以 LED 为基础的数控系统），是新技术，但 LED 光源有个特点，它的光迹呈直线，因此若干光点构成的矩阵，像现今这样附着于西塔的弧形表面时，观者在静止且单一的方位上，就看不到均匀而完整的"光点矩阵"。也就是说，西塔的夜间形象系统在设计策略上是有很大缺憾的，原因在于系统设计与光源特性相冲突，没能相得益彰。这反过来也给我们以启示：仅拥抱新技术是不够的，新的设计手段往往反映为"处理新技术"。

> Design has its potential – when we are working on a design, we are not the only people to be influenced. Design needs to have new technology, in the new technology age, how to adopt the "new" is a crucial question, we have to decide whether to bluntly apply it without thorough understanding or to find appropriate technology based on our needs.

> 设计具有潜在性——
> 当我们动手做一个设计的时候，
> 被影响的绝对不只是我们自己。
> 设计须有新技术，
> 但对于"新"，
> 是生吞活剥还是顺势而为，
> 是新技术时代有关设计的迫切课题。

广州亚运会

林学明： 2010 年广州亚运会，对于广州人来说是一件盛事，你既担任亚运组委会的整体视觉系统专家组组长，又带着广州美术学院的创作团队完成了大量的项目设计。请谈一谈在整个设计过程里一些鲜为人知的事情。

赵健： 实际上，在亚运会的会徽和吉祥物已经确定了后，我才受聘负责视觉形象和景观系统设计，并组建专家组的。吉祥物和会徽设计可圈可点，在此之外的各类视觉设计是越来越好。比如核心图形、色彩标识系统、比赛分项标志系统、场馆视觉识别系统、各职别服装系统、接力火炬设计系统以及跟亚运会相匹配的亚残运会的全套系统，都是相当不错的。

会徽的整体形象是由五羊的雕塑加上田径跑道元素组合而成。当时会徽的方案大概有几个路径：一是关于五羊的，二是关于中国折扇的，三是关于红棉花的。当时的"专家组意志"让我看到了"专家问题"——习惯以个人喜好来决定"亚运"这样的社会创作，我自己也应引以为戒。换句话说，似乎是在"为自己"选择，而不习惯为"他人"选择。这个"他人"，说小一点是为组织者作选择，说中一点是为广州作选择，说大一点是为亚洲作选择。当你的身份是"专家"的时候，你一定不能用自己的喜好去作决定。我认为这也是设计人的重要的基本素质：为他人做设计——要深挖他人的需求而不是自己的好恶。假定你的设计是看自己喜欢不喜欢，那严格讲你还没有进入"设计人"的门槛呢！这个是会徽设计和评审过程给予我的启示。

吉祥物，则是我们广州美术学院团队做的。还在方案进行过程中，组委会就已决定把这个项目委托给广美做了。当时签了保密协议，对外都得保密，设计团队被集中并隔离起来专心做设计。回头看，当时的组委会还是很有谋略的。也就是说，决定方案的过程，越到后期意见越多，而最后的决定稿，基本上只能是一个各种权利者意见综合和妥协的产物。所以作为组织方，不仅需要强有力的决策，更需要一个强有力的团队，一个任劳任怨的团队，一个任凭修改数百次、上千次都不打折扣坚决执行的团队。这个团队如果是某一私人公司，于"体制"来讲，既很违和又很不易对接。但是给美术学院这样的"主业"非设计实务的教育单位，换句话说是由一个"中立者"——"第三方"来做，就比较有回旋余地了。这些措施，其实也属设计，而且是极重要的设计内容，这应叫程序设计吧。

来广美 27 年，要特别提到的两个人

林学明： 你一直都在负责广州美术学院大设计学科，走过这 27 年，你最想谈的是什么？

赵健： 我也没想到广州美术学院会召唤我到这里。在我来之前，广美的尹定邦、王受之、郭绍纲、集美公司——这三个人名加上一个公司名，对于我来讲真的是不可企及的神圣，当然也和改革开放那个时代广美在全国设计界的地位有关。对于 20 世纪 90 年代初的我——这种内地人来讲，仅广州就已是一个憧憬了，所以当广美召唤我时，我自然希望在这个神话般的集体里能够破茧而出，能够进入这个行业的主流，能够成为其中称职的一员。这是我期待的、砰然心动的、认真而为的，而且是有信心的。

来广美 27 年要特别提到两个人，第一位当然是尹定邦老师，他真的是我最尊敬的一位恩师。刚到广美时我问尹老师："您需要我怎么上课怎么操作学科事务呀？"尹老师说："我请你来，你就用你的方式来上课，用你的方式来操作学科，你必须而且肯定会比（现在的）广美干得好，否则，那就是我瞎了眼。"这些信任和鼓励，真比奖金都管用，足以支撑我为广美"卖命"至今。哈哈！

到广美没来几天我父亲就告病危，我得去向尹老师请假呀。当时出于内地人的思维惯性，我真是费尽心机以图婉转地说明我爸爸确实病危所以我不得已要回。可我刚讲到爸爸病危，尹老师就打断了我的话，随即拿起电话叽咕了一阵当时我全然听不懂的广东话，放下电话即告诉我"票买好了，半小时有人送你去机场"，让我"别说了抓紧时间准备……"当我千恩万谢离开尹老师不过两三分钟的时间，他又在我身后高喊"回来一下"，我的瞬间反应是"他反悔了，不批我假了"，结果却是问我"钱够不够"，这完全出乎我过往的经验，至今都深深感动！

还有一位，就是林兄你——林学明老师。

作为集美公司的创始人之一，你至少算是全国高校"设计校企"的先行者，若干年后你出国留学再返集美，又将集美公司变了一个样。那时集美公司的发展突飞猛进，不管是业务，还是精神面貌。其实我蛮怀念那些岁月的。但那以后，我就到日本留学去了。

由于我算"公派自费"，没什么钱，大概去了不到一个星期，尹老师的国际长途电话就打到我的房东那里，他说："赵健，我是尹定邦。为了给你打这个电话，我练习了一下午的 'kon ban wa'（日本语：晚上好），因为肯定会是房东先接电话，所以我总得学会说这一句问候话嘛。林学明给你寄了一些钱到三和银行，你明天找个熟人陪你一起去取回吧！你保重，电话我要挂了，国际长途很贵的，你要谢谢林学明！"我当时眼泪就流了下来，直至电话结束很久……而林老师你，直到今天也从来没提过这件事情。

林学明：这事不值得一提。

赵健： 可能你钱太多了（笑）。这虽只是两个煽情小故事，但对我来说却刻骨铭心。你们两人为人为事，质朴实在，深切震撼了我这个从内地来的人。还有做事情的方法也震撼着我：做事从不弯弯拐拐，花拳绣腿，总是明确精准，直奔主题；兵来将挡，水来土掩；既执着务实，更仰望星空。

广美设计学科的建设

林学明： 对广州美术学院设计学科的建设，你有哪些看法，有哪些是值得骄傲的，还有哪些遗憾？你带领设计学科的建设有哪些突出的事情？

赵健： 我觉得广美对中国设计教育最大的贡献，就是设计与市场相结合。广美的设计学科最重要的遗产应该是：

第一，设计走向市场。设计的成果不止于论文，不止于挂在展馆里或印在杂志上，而必须矗立在大街上，必须放在商店里，必须令人乐于购买，心甘情愿地消费它，这才是设计。再有，如果最初的设计走向市场，是意味着批量化、大众化、产品化的话，那么在今天，限量设计、单品设计、奢侈品设计、定制设计，同样是要紧跟市场的。

第二，设计教育远不止于课堂，设计教师远不止于职业教师；设计绝对不能和科技相脱节，设计也绝对不能和艺术相割裂（当然，科技不仅止于工业或智能，艺术更不仅止于画画）。广美的人才观跟学历无关但不排斥学历，跟经历无关但不排斥经历。广美及集美往往能让普普通通的人在压力与责任中、在社会实践中、在具体项目中综合地学习，快速地提升。经历过这些历炼过程的人，今天都变成了广美最厉害的骨干阶层。

这些年，我也逐渐意识到自己发生的一些变化：我不再拘泥于某一个设计"专业"，我会有意并自然地在多个设计专业之间切换，不局限于方法、不拘泥于技术。纵观今天，确实不缺怀揣各种设计技术的乙方，也不缺采购设计、推动设计的甲方。还缺什么呢？缺的是在甲乙方之间、那些设计技术和那些设计需求之间做架构、做整合、做搭配进而形成甲乙双方共谋的崭新价值取向的"介质达人"。用我的口头禅来说，就是缺乏"设计策划"的人才。

这么多年来，我把自己定位为设计策划的谋略者和设计计划的架构者。这样，我就不得不游走在设计方、消费方、采购方、供给方、中介方、教育方、传媒方、研究方、政策方之间，变成了你所感觉到的，我好像"关注着很多事"。

在今天的社会条件下，各设计专业的人也在相互调整着自己的"站位"：例如，做室内设计的人几乎无一例外地都在关注室外设计，做建筑设计的人无一例外都在关注规划设计，做工业设计的人不少都在关注和建筑相关的品类，做平面设计的"挡都挡不住"地都在参与工业设计（交互设计、界面设计、产品设计）。

今天，设计价值可能和设计师的手艺无关，但和设计师"价值推衍"的水准相关。所以这些就使得各种专业之间的界线模糊了，各种专业的核心开始"移位"了。正因如此，过去那似乎老掉牙的"大设计"的说法，今天看来被赋予了新的意义——就是以对综合资源的处理为基础，所进行的关于策略、架构与整合的"不间断"设计。

今天的"设计边界"由不得你，它必须是模糊的。模糊是进步，模糊是先锋，模糊是创造。当然，我也常提醒自己模糊不等于"漫无边际"。设计的价值呈现主要还是关乎运用，关乎市场，关乎综合。

> Currently, there are many designers who have plenty of design skills, there are also many customers who are seeking and promoting designs.
> What is lacking is the "design planning" talents who have the ability to create new values between the design skills and market demands.

林学明： 你还是广州美术学院的学术委员会主任，而且长期主持国际学术交流工作。比较我们国内的设计现状以及设计水平，如果要你谈两位国外的（著名）设计师，你更愿意谈谁？

赵健： 先说说库哈斯，他给我的启示就是：设计价值未见得必须体现于所谓"功能"，完全可通过很多环节和侧面来呈现。库哈斯是一个典型的透过社会气息来敏锐捕捉社会热点的"价值设计家"，一个精于挖掘问题和积聚"爆点"的"信息建构师"。于是，他的设计所散发出来的价值，就不仅在于狭义的物理属性的"建筑"，这和刚刚讲到设计边界模糊是有关的。尽管人们把他与怪异形象相连，但实际上"库氏设计价值链"的诸环节中，"形象塑造"是比较"靠后"的。

再说说第二位，在今天我国社会环境下，在我们交谈的语境中，是一位不太知名的——我的老师、日本筑波大学教授、日本基础造型协会的会长朝仓直巳先生。他是我专业生涯中最重要的一位启蒙者、带路人和"贵人"——我早期的破格晋升、首届国家级优教成果、应邀赴美讲学、系列著作出版，之后的转勤广州美院、赴日留学、在日兼职，

> 纵观今天，
> 不缺怀揣各种设计技术的乙方，
> 也不缺采购设计、
> 推动设计的甲方。
> 缺的是在设计技术
> 和需求之间促成甲乙双方
> 共谋崭新价值取向的"设计策划"人才。

以及我对广义设计基础、设计方法论、设计思辩、设计传播等的学习与认识，都与朝仓先生相关。最近，天津美术出版社准备出版朝仓先生的著作《艺术与设计的构成》一套四册，我全程并全情投入，协助出版社，争取做好这事，以告慰先生的在天之灵。

林学明：关于当下中国的设计教育，你有哪些思考？

赵健：中国的设计教育，在当下确应有些调整。

因为信息化，知识已经不再是教育的核心，而教育的核心可能是"能力"。这刚好是我之前讲的广美和集美的特点——当年的你们，就是在设计实践的压力下，才得以全面地锤炼自己、锤炼团队，从而生成广美师生显著的"有能力的"生态。

创意不再是设计的核心，而设计的核心可能是关于"策略"。教育的空间在发生变化：过去的教育空间是"班级在地教育"，今天则正转变为"跨班在线教育"。教育的关系在发生变化：过去的学生是"被教育"，今天的学生主要是"自我教育"。关于对教育的评判在发生变化：过去是"被认可"，今天则基本是"自我认可"。关于教育的路径在变化：过去是"系统性"，今天则是"非线性"——必须是在"项目"的全过程中去教与学。教育的基点也在变化：过去是"知识"，先弄懂什么然后再弄懂什么，叫"求知识"；今天则是"求问题"。也就是说，从问题开始，没有问题就没有设计。关于教育的目标：过去是"循标准"，今天则必须是"寻差异"。关于学生品相：过去，学出来了要有一个"学术范"，今天，学出来之后则必须要"职业化"。关于学习成果：过去是呈现它的"中端"价值（过程价值）——例如你去求职，用人单位会问你"学会"了什么？你说素描90分、构成85分、毕设90分……这叫"中端价值"；今天则是必须确认"终端价值"，求职时，用人单位会问你"做过"什么？你须告诉他我做了什么项目……这叫作"终端价值"。

总之，今天的学校应是激活器，是自助餐，是乐高中心，是公众号，是离心机（而不是向心机）。今天的教师关键在于角色转换，调整"站位"，当好学生的同路人。

过去老师是站在前面——我教你的是我的过往经验。今天是要跟你坐在一起——我也不懂，我们携手同行。学生的任务也在分解中：课内是"学习"能力，课外是"自学"能力。那么，老师还能教什么呢？要教基于问题的需求、教现象、教过程、教案例、教市场、

教判断、教标准、教理念。教学方法则应该是质疑、试错、检索、发现、梳理、整合、演绎、处理。应增加三类基础课：（面向所有设计专业的）信息处理课、界面与交互课、匠作与体验课。应增设以下教学内容：设计成品的综合指标，消费预期，性价比，使用性及认知，持续性更新升级，全生命周期，评价，等等。

林学明：最后请为设计师说两句话作为结束语。

赵健：第一句话，我想是"脚踏实地"。希望设计师在经过奋斗过上好日子之外，应该当一个"有心人"，去发现设计和职业生涯的多种可能性。

第二句话，我想应是"仰望星空"。既当室内设计师，也别把自己锁定为室内设计师。随着职场经验的积累和经济社会的变化，昨天的"专业必杀技"，今天会被快速普及为"消费常识"；今天的"非专业"，会在明天悄然"踢馆"——秒杀曾属我们"独美"的"室内专业"。因此，仰望星空，力求自己能在同样快速裂变的高技术和高情感这两极之间，寻求多种配置与交互方式。以使我们的职业，能良性蜕变并持续升华为兴趣、爱好以及更有生命力的光芒。

林学明：今天，我们谈到设计的过去、现状和未来，涵盖了个人、学校和社会，从一个侧面体现出大时代鲜活的设计面貌，可谓精准、生动、实在，有高度又接地气。这也是对广美近30年设计教育的部分总结，略见中国设计教育史之一斑，具有一定的学术价值。我们是同龄人，命运把我们分别安排在体制的内外，你作为广美学术的带头人和建设者，既是激励我前行的老师，也是我人生路上的挚友。

林学明（左）与赵健（右）

基于设计计划学的城市形象提升和公共艺术创作概说

文 赵健

IMPROVING CITY'S IMAGE BASED ON DESIGN PLANNING AND GENERAL DISCUSSIONS ON PUBLIC ART CREATION

text Zhao Jian

设计计划学，侧重于设计的策略路径、设计的要素配置、设计的价值搭建及设计的交互环节等课题研究。广州美术学院是全国最早开设设计计划学专业课程的高等艺术设计类院校，广州美术学院的设计计划学教育，大致经历过以下四个阶段：

第一，设计活动的"前置和后延"阶段。在较坚实的空间设计教育和丰富的设计实践基础上，广美较早意识到设计的起点并非"创意"而是"问题"，设计的质量并非"审美达成"而是"解决问题"。为此，将设计范畴"向前置与向后延"，建构系统化内容和课题，形成广美设计计划学的初级阶段。

第二，针对于项目的"一揽子完整提案"阶段。从市场调查到要素梳理，从设计定位到效果描述，从细节比对到实施执行等，侧重于"对外服务"的特色，形成广美设计计划学的第二阶段。

第三，设计系统内部运行的"协同工作手册"阶段。关注设计运作各环节间的交互机制，关注设计各层级的搭建依据和连动关系，注重类型、模块、通用、特殊等行为在设计系统内的有机和有效性等，侧重于"内部统筹"的特色，形成广美设计计划学的第三阶段。

第四，多元整合与要素提炼的"设计策略及价值"阶段。不限于问题的表象，不拘泥于显性的条件，关注政策的大势，因应时代的必然，策略前置，路径发散，挖掘潜在能量，释放附加价值，勾连相关条件，注重实施攻略等，侧重于"要素整合与增值"的特色，形成广美设计计划学的第四阶段（也即现在正进行的阶段）。

Public art creation and the improvement of city image should all be based on "restrictions", served by "locations", relying on the "condition preparation" and "critical elements strategy" of design planning, using "arts" as the media, "public" as the goal, organically "creating" the locations.

公共艺术创作与城市形象提升都须植根于"限定"，服务于"场域"，借助于设计计划学的"条件统筹"和"要素策略"，以"艺术"为载体，以"公共"为目标，对场域进行有机的"创作"。

广州歌剧院

关于设计计划学与城市形象提升

城市的"形象",并非仅指所见、有形、物质、单体(或群体)、可度量、可进入、可描述、一成不变等表象,为此,"提升"哪怕仅指狭义的完整一点、有序一点、美好一点、醒目一点,都不是规划、建筑、艺术、设计等"专业"能各自独立胜任的。设计计划学则可置身于上述各专业之间,因应城市"形象"的含混复杂多元等特性、衍留生长裂变等条件,以及时代时期时间等机遇,顺势而为地"提",因势利导地"升"。

关于设计计划学与公共艺术创作

公共艺术,是基于公权利的题材,是基于公共资源的文化,是基于公共认知的意志,是基于公共场域的形式。为此,公共艺术不等于户外雕塑,不等于天际线节点,不等于路标识别,也不等于街头艺术。于是,它不能仅反映作者好恶,不能只表达个体(或小众)意志;它应能连接大众话题,它应与所在场域有机关连。可见,公共艺术的创作与"城市形象提升"相似,都须植根于"限定",服务于"场域",为此,都应借助于设计计划学的"条件统筹"和"要素策略",以"艺术"为载体,以"公共"为目标,对场域进行有机的"创作"。

"差异"的坐标

"DIFFERENTIATED" COORDINATION

Decoration designs emphasize and showcase "differences". "Differentiated" coordinations are on the x-axis, y-axis, life-axis, and time-axis, corresponding "consumers", "product suppliers", "continuity", and "material arrangement" four areas.

文 赵健

text Zhao Jian

陈设设计强调并突显"差异性"。"差异"的坐标在横轴、竖轴、生活轴和时间轴上，对应体现"消费方""产品供应方""可持续"和"物料配置"四个主要途径。

在空间设计中，软装或陈设设计越来越受到重视，这是随经济发展顺势而为、必然导致的"空间设计新阶段"。由于经济的发展，人们才有可能逐渐摆脱"标准化"而追求个性化；才有可能摆脱"你有我也有"，而追求"我与你不同"。于是，这客观上成为软装设计行业在当今最显著的价值——强调并突显"差异性"。

"差异"的坐标首先体现于"横轴"：这是软装行业对应"消费方"最主要的途径。它是指个体价值观、审美观、生活观及行为观。个体间没有高低排序之分，只是与这"四观"相关的偏爱、熟悉、亲近或接受性。例如有人偏爱棉麻、木石；有人偏爱冷调高光；有人侧重于使用，有人侧重于观赏等。其间的差异是扁平的，没有高低之分。

"差异"的坐标还体现于"竖轴"：这是软装行业对应"产品供应方"最主要的途径。它是指工业品、手工制作品、定制品、单品、淘品、珍品、再生品、不可再生品、限量品、纪念品等。这若干类物品本身即形成价格的差异，再附加上"来源（故事）""形象（特色）""环境（设计）"，构成软装行业可量化、可计算的价值。

"差异"的坐标还体现于"生活轴"：这是软装行业对应"可持续"（即用户黏度）最主要的途径。这主要包括：（甲方的）需求、偏好、历史、故事、记忆、已有物品，以及与之相适应、相关联的"乙方备品"等。这些"软装元素"间，如何"无中生有"、小题大做、举一反三、聚沙成塔，是软装行业营销的核心，是不断深挖甲方需求，不断丰富个性

化文化宝藏的软装行业之重要课题。

"差异"的坐标还体现于"时间轴"：这是软装行业对应"物料配置"（即设计）最主要的途径。这至少包括形态组合、材质搭配、色彩并置、新旧兼容、空间转义、调性连接等几个大的属于设计关照的重点领域。而这一切形成的总合价值，能否被甲方充分领悟并接受，全在于设计师对"时代趋势"的充分且智慧的演绎。由于"时代"概念已庸俗化并被僵化为"名词"，所以我在此刻意使用"时间"，以强调其"动词"属性。

软装行业不能因"时尚"而"风格"，必须因"时间"而不停地"换装"——对软装行业来说："换装"即价值，"换装"即生产力！

广州西塔

FIGURES

人物

陈彬
Chen Bin

中国建筑学会室内设计分会理事
后象设计师事务所（ADF）创始合伙人
武汉理工大学副教授／硕士生导师

扫描二维码观看视频
陈彬：Big House 品鉴

CHEN BIN, FROM PAINTING TO DESIGN

My imagination and decision of the space come from the subconscious influence of painting. There are many means to design, some are done through building, some are based on functionality, I rely on the 2-d method, using my traditional drawing and painting skills to design.

text Xu Tianshu

陈彬设计作品：Big House 当代艺术中心

陈彬，从绘画到设计

文 徐天舒

徐天舒： 你曾说过，因习画的缘故，对古典美学的偏爱是你设计的根基，能具体谈谈在设计中，古典美学与你之间的关系吗？

陈彬： 严格地说，我做空间设计是非专业的，因为我的教育背景完全没有这样的训练和经历，而且我在大学任职所教课程也不是这个专业，所以我一直认为自己是非专业的室内设计师。我在这个行业跌跌撞撞待了很长时间，时至今日还乐在其中，应该说是因为从小对于绘画的喜爱。自小习画的缘故，让我了解到自己的天赋所在。

绘画对我有专业的审美训练，所以我现在对于空间的想象和判断，包括实际工作得到的方式方法都来自于绘画的训练，以及绘画对自己审美潜意识的影响。我一直认为设计有很多方式，有的是用建筑的形式，有的是用功能至上的形式，我用的是二维的方式，用我学习的传统绘画方式来做设计。

徐天舒： 你的设计作品很有时间感，请问这和你的个人信仰有关系吗？

陈彬： 与信仰无关，应该和性格有关。我是内心敏感怀旧的人，这样的人应该需要媒介来排解，有的人选择绘画、音乐或者是健身，我选择的是空间设计，在空间设计里选择表达对于物质与时间存在的记忆。

徐天舒： 你认为自己是个有趣的人吗？这种有趣性的程度，是如何影响你设计理念的？

陈彬： 对于家人或者朋友来说我算是有趣的人，但是对于其他人来说应该不算。我给自己放飞的范围不大，收敛控制、恰当得体以及调性统一等，都是在设计思考过程中给自己划定的边界，所以不会有视觉上非常冲突、表达非常夸张的设计，永远也不会有。

对空间的想象和判断来自于绘画对我的审美影响。设计有很多方式，有的是用建筑的形式，有的是用功能至上的形式，我用的是二维的方式，用从小学习的传统绘画方式来做设计。

徐天舒：如果此生不是个设计师，那么现阶段拥有什么样的社会职业身份最让你感到满足，为什么？

陈彬：如果不做设计师，我想做一个插图画家。

徐天舒：通过设计，你让许多空间拥有化腐朽为神奇的转变。对于自己，又是如何打造自己的居住空间和心灵空间？

陈彬：关于居住空间，今年又受邀参加《梦想改造家》。为什么要做家的设计？家的含义是什么？居住空间设计的实质是什么？我认为就是梳理空间与人的关系，梳理空间中人与人的关系。好的空间可以改善、滋养亲情，产生积极的关系。我喜欢的空间应该是这样的：简单，非常随性，有些杂乱，但是是可控的杂乱，一定不会有明显的风格标签。

徐天舒：如何平衡商业与美感、业主诉求与自身要求的把握？

陈彬：之前，我们设计的会所、餐厅、酒店之类的商业项目确实比较多，未来，我对自己有一个规划。我做了 10 年的商业设计，经常会反省或者自问，这些设计的价值在哪里？除了帮助业主实现所谓的商业价值，其他方面的价值在哪里？然而，设计行业和商业如此紧密地咬合在一起，可能在某个阶段，你会沉醉在所谓的商业成功里，但也会有一些时候，把自己对生活、对美、对品质的积累和思考花费心血去转换成的项目，最后只能追求一个原始的、只是关于"利益"的结果，难免会有一些不甘心。

所以，今后我会偏向两个方面：一是人居产品研发，二是艺术老建筑保护与再生，把更多的时间和精力放在这两个方面。

徐天舒：如何一步步摸索出适合自己的设计风格，对于正在探索自己风格的年轻设计师有何经验分享？

陈彬：关于风格的形成，我的很多朋友是有行业担当的，但是我是个一直不愿意为设计背上行业责任的人。其实设计是很私人的事情，当然会有思考和积累，但是我一定不会给自己有风格的定位，我认为风格是商业的解说方式。如果一个人做到最后形成了有识别度、有迹可循的呈现，那一定是他的审美倾向以及他对物质倾向的自然流露，而不是刻意去做的。所以，我一直不建议年轻设计师过早地给自己贴标签。

徐天舒：团队的领导者与设计师，这两个身份你如何把握？

陈彬：在我的内心里，自己始终只是一个设计师，这一点从来没有改变过。一方面，公司管理得挺好；另一方面，内心还是想单纯地做设计。我们公司是 2006 年成立的，前 10 年就是一个自然生长的过程，把作品做好，让更多人知道，然后也获得了一些奖项。现阶段，我们在尝试一些新的模式，例如让公司的管理更加扁平化，让不同类型的团队在公司平台上协作。这样，对我个人来说，就可以把更多时间和精力放在自己喜欢的事情上。

访谈后记：

答应中国室内采访陈彬老师的时候，我真没有想到这不是一件容易的事情。

因为在这之前，我与陈彬老师素昧平生。直到成文以后，才发现，这正是难度所在。陈彬老师的世界，大若是两分的，一边是斑斓，一边是黑白。此时才醒悟过来，当我提出来要采访的时候，约莫我还在冰界。

中国室内影响力提名人物长沙站，刘伟老师点名请陈彬和赖亚楠来。亚楠当天飞机晚点，不接受采访，连与刘老师对谈都不同意。陈彬这才答应我从武汉抵长沙后可以一同吃顿晚饭。

长沙大雨倾盆，我刚从活动现场处理了棘手的事情回来，因为不谈采访，所以晚餐气氛愉快。采访，只是认识对方的一个过程，那么，我们先从认识开始。

其实之前，我对陈彬老师还是有一点点了解的，通过他开的设计师书单。你可以从一个人读什么

Good space is capable of improving and cultivating intimate feelings, creating positive relationships. The kind of space that I like should look like this: simple, very random, even with some chaos, but controllable chaos, without obvious style labels.

好的空间可以改善、
滋养亲情，
产生积极的关系。
我喜欢的空间应该是这样的：
简单，非常随性，
有些杂乱，
但是可控的杂乱，
一定不会有明显的风格标签。

书，大致知道他是一个什么样的人，在手机普及
的时代，这或许是比见字如面更靠谱的判断。他
的书单中有关于建筑的，有关于民艺的，也有关
于佛教的。我提前买了书单里的一本《造物有灵
且美》，这本书字疏有图，是关于手工以及对于
双手造物的态度的，很适合夜里一页一页地翻阅。
字疏，就有许多留白，许多言不尽意，现在想来，
这种感觉就是陈彬老师给人的感觉。

不愿意接受采访，并不意味着不善于公开演讲。
事实上，第二天的讲座非常成功。上午是"设计
师的 24 小时"展览，作为 18 位提名设计师的代
表，陈彬和赖亚楠分别回望了自己的"24 小时"。
与很多设计师不同，陈彬把相对固定的时间留给
了家人，而他的世界，简单到只有朋友与陌生人。
与朋友，是随和而放松的，但是对于不熟的人，
他是有距离感的。

对，距离感，这是第二天在长沙市图书馆的演讲
以后，凤凰湖南的记者秋霞的感觉，不过她用的
词是"时间感"。陈彬老师的演讲题目是"被唤
醒的体验"，说的是武汉 BIG HOUSE 当代艺术中
心，一幢历史老建筑，如何通过改造与业态重构，
焕发令人瞩目的光芒。被唤醒的体验，其实唤醒
的是疲态哀朽的老房子的体验吧。

时间感是与当下所在保持距离的克制的态度，也
是与未来不可期的遇见保持距离的审慎的态度，
还是与所谓风格保持观望的冷静的态度。

陈彬老师最终还是依照我的采访提纲发来口头回
复，只是此文被我拖杳太久，我不知道现在是在
陈彬老师的哪个世界里，亦或者再见面尚可持酒
否。（**本文采访者为长沙佳日设计机构董事长**）

粗茶淡饭·蒸鲜餐厅

**粗茶淡饭·蒸鲜餐厅
墙面细节**

MOST FAMILIAR STRANGER

He studied printmaking in college,
now teaches animation majors in the university,
however his real career is in interior design,
he is like the hero of a Gongfu novel.

text Sun Huafeng

最熟悉的陌生人

文　孙华锋

像他这样大学里学习版画专业，工作在大学里教授动漫专业，而其真正从事的却是室内设计行业，就有点武侠小说中男主角的味道了……

撰写文章不难，但写人却是不易。尤其是和你厮混在一起最多的号称"死党"的人物，"最熟悉的陌生人"大概颇有几分这个意思吧！所以当你拿起笔来才知道，什么是无从下手。写陈彬，也许应该写得辞藻优美而又意境含蓄，才比较符合他，但也许江湖一些的更接地气……

原以为室内设计界大无边界，但混迹其中多年，便也觉得其实就那么一点儿面积而已。突然有一天，听说武汉有个叫陈彬的设计师作品做得如何之好，我便在那仅有的面积里搜索，无果。东京之行知其人了，无语，便也淡忘。直到林海拿着他的作品给我看时，敬佩之心才如滔滔江水连绵不断，而后驱车前往武汉，大雨滂沱的傍晚在其设计的汉口公馆里享美食美景，第一次实地看其作品，一见如故……再后来，武汉也是我除了重庆

每年必去的城市，而且每次基本都有大雨伺候……

也不知什么时候，设计界把我和陈彬、沈雷、赖旭东四个人划成了"四人帮"，实际上我们四个人性格各异，而陈彬则从某些方面更是和我们三个完全不同！有时我在思考，中国武侠小说中最牛的人通常都不是什么豪门嫡传、正派归守之类。像他这样大学里学习版画专业，工作在大学里教授动漫专业，而其真正从事的却是室内设计行业，就有点武侠小说中男主角的味道了……

早些年的美国之行，我和赖旭东扛着相机忙得条狗似的到处扫街时，陈彬则拿着卡片机慢条斯理地认真游荡，偶尔做思考状拿起相机拍一下他认为值得拍的细节部分，我们在嘲笑他的臭水平的时候却不知，此行他内心收获的东西远远不是我们堆积到内存卡上数不清的所谓照片资料所能

达到的。而后，细细品品陈彬的设计，从早些时候的赛江南、水墨兰亭到现在武汉老建筑改造的Big House，从他的作品里便能看出他对细节的把控，对人文对空间的思考深度。

有一年，我们两家人结伴去美国探亲。我是个稀里马哈的人，临近出发，陈彬给了我几页打印好的纸张，打开之后才发现是我们这趟旅行十分详细的攻略，表格规整，每天的衣食住行，租车还车，时间节点无不翔实，我惊讶得下巴差点掉到地上——这跟我认识的学美术出身的人好像完全不同。一路之上，他这个副司机津津有味地不停转换频道，让什么乡村音乐、蓝调音乐、爵士音乐来配合沿途不同的风景，倒也让我这个长途司机忘却了疲劳。他还时不时回头对我们的家属嘘寒问暖，不停地提醒他的儿子什么时间可以玩

粗茶淡饭·蒸鲜餐厅

iPad、什么时间休息，以至于他的儿子觉得跟我在一起才是这世界上最快乐的事。然但凡遇到问题时，父子两人交流，陈彬博学而耐心，才不会让我去轻看这个"美术生"，我才知道这个小孩跟我要得欢快不已的时候内心最崇拜的实际是他的老爸。而后每一处景点、坐标点，我们两个人带着孩子一起玩飞跃的照片，你一定认为那绝对不是陈彬，他有点疯了……

很多人问我，陈彬是不是很难打交道，虽然帅气儒雅但是高冷寡言。反正我没这感觉，开始我只觉得他应该是内向，有点"装"；后来发现不对，他可能属于"闷骚"；过段时间感觉也不是，再后来，我倒觉得李白的《侠客行》中的诗句"十步杀一人，千里不留行。事了拂衣去，深藏身与名"倒真的很适合他。

也许是内心世界丰富的人不屑于世俗的喧嚣罢了！

Carefully studying Chen Bin's Designs, from his early works such as Sai Jiang Nan, Inky water iris pagoda to his current historic Wuhan architecture remodeled into Big House, from his works you can see his control of the details, the depth he thinks about humanity and space.

细品陈彬的设计，从早些时候的赛江南、水墨兰亭到现在武汉老建筑改造的Big House，从他的作品里便能看出他对细节的把控，对人文、对空间的思考深度。

REFUSE TO BE FORGOTTEN

We should let go the shallow and empty vanities existing in the concepts of protection and utilization, while value the gentle traces scattered in daily living. These hints of life, might be using the last information and assistance, to help us resisting apathy to and forgetfulness of our city's bygone eras.

text Chen Bin

抵抗遗忘

文 陈彬

放弃保护利用观念中追逐大而空的虚荣，珍视散落在生活空间中的微弱触痕。这些岁月的伏笔，可能是借助的最后讯息和依靠，用以帮助我们抵抗对城市蹉跎过往的淡漠和遗忘。

《设计质》杂志的王颖超先生因为了解到我做过一些旧建筑空间改造的项目，也因为曾在闲谈中聊过一些对这类工作的想法，于是邀约我写写近期的旧建筑空间改造案例，期间问及对历史建筑和街区改造、利用的理念。因为众所周知的原因，从政府管理部门到开发商，从行业专业院所到市井闲人，这个当前的大命题被持续热议。实际上从法律条文到政策法规，从理论指导到实践运用，与之对应的理念，应该成熟且涵盖到各个认识和操作层面了，再谈理念，难免有凑热闹之嫌。可作为一个设计人，信奉设计即是教育，又长期关注并实践于此，纠结之心境和秉承之态度却是一定有的。

2015年，创基金"上善若水"中国设计创想论坛，特邀嘉宾10组，一组10人，圆桌讨论各自既定的主题，我的那组论题是"历史记忆与时代创新之建筑再生"。赴邀之前，我拟了若干问题自问，也是一直以来，在接触此类项目工作中积攒下的疑惑。老建筑的保护是不是少数人的自娱自乐或者自怜自悯？若排除掉政绩需要和商业利益，真正生活在这个城市里的，那些对正在老去的建筑有着谦卑和留恋心境的人，是在增多还是慢慢地减少？我们这个拥有灿烂文化史的族群一直就是这样的"喜新厌旧"吗？当下城市建设进程中的毁旧行为真的只是利益的驱使？还是民族本性中"破立观"使然？对承载城市记忆的老旧建筑和街区的漠视与抛弃，难道不正是当下城市生活群体的绝大部分？这些自问，有时多多少少令人沮丧。而至于国人对待老旧建筑的心态，是否在文化基因中就存在有缺陷的思考，就此也请教过一位武汉大学美学博士。也许问题提得有些偏颇，博士没有正面答复，却也间接地提供了些旁证，他日有闲，或可再扰。

杭州论坛当日，基本上还是围绕着设计专业众说纷纭，虽然因为我的这些疑问，大家也陆续地把话题转移到文化基因上来，但亦不可能深谈。对这样的发问，自己本来也没妄想能有明了的答案，但台湾的朱柏仰先生总结时提出的关于旧建改造中应该强调时间概念的观点，倒是有非常直观的阐述，与我在设计体验中重视项目原址文脉保护与呈现的观点是吻合的。多年来的设计一直有这样的认知：空间设计不是静态而是动态呈现，其一是对时间轨迹的描绘和表述，其二是空间使用行为的暗示和引导；如果扩展到城市街区的保护利用上来思考，那么，前者是场所精神留存的肌理依据，后者则是情感和价值认同。对于历史街区文脉传承，多数情况下，我们一方面偏重于非物质层面的研究，另一方面又只习惯性地把视线划定或者是被限定停留在宏观大尺度的规划层面，广度有余，而深度不足，更不用说精度了。这样说绝非厚此薄彼，城市志街区历史挖掘整理的重要性毋庸置疑，是书面化、文字化易留存的记忆点；而相比之下，那些物质化的记忆点，特别是小尺度而生活化场景中的物质记忆点，在当下追求速度、追求宏观效果、追求价值最大化的浪潮中，

Big House 当代艺术中心

反而变成最容易被忽视、最容易被简化、最容易被粗暴对待的弱势部分。众所周知，历史建筑及街道的文化价值和美学价值正体现在其特有的时间记忆，而这些多样化的记忆又具象到一扇门窗上的形格风貌、一堵老墙上的苔痕雨迹、一片砖石、一块门牌。我们生活其中，所以司空见惯。我们一边修缮复兴，修旧如旧，一边却任凭这些记忆点以无法逆转的方式消失殆尽。或许我们真的缺少关于城市记忆的教育，或许我们缺乏的是让生活细腻的耐心，才会对生活其中的城市所拥有的价值所在，熟视无睹，怠慢漠视，轻易地将其遗忘。当城市决策者和专业人士也因为这种遗忘症而变得麻木傲慢时，无论多么友善的初衷和美好愿景，都有可能演变成事后的追悔莫及，这样的直言不讳和焦虑，亦来自对群体遗忘的恐惧。

2016 年岁末，受友之邀，去南京作演讲交流，与当地潜心研究民国建筑保护的设计师陈卫新先生有过一次交谈。聊到空间设计师在这个城市大课题中的身份和作用，颇有共识。对我提出的历史建筑和街区改造中，因为规划和建筑环节的专业背景和工作方式，有可能因此以面盖点，继而因大失小，使之遗漏损失了作为记忆支撑的细节的担忧和质疑，他表示认同，并且有实践中的感同身受。我们都认为，在此类的工作中，以微观的方式介入，为宏观决策和实施提供记忆坐标点，可谓至关重要，而这正是当下大多数针对城市旧建筑、旧街道空间的改造中缺失的。单个人或小群体的空间感受尺度，相较于一个城市规划的版图是那么微不足道，然而，单体的记忆以及小群体对某个城市区块的认同感，又恰恰就是在这些小尺度空间中，那些物质化记忆点所能承载并传递出来的视觉回应。对于历史街区或建筑的保用态度，我并不赞同纯粹的立面主义，也充分认识并理解保护的要求最终一定是一种合理的经济和商业目标的选择。纵观理论意义上的历史街区保护及利用的三个层面：其一单体建筑保护，其二划定区域出台政策，其三促进投资和推动经济发展，不知道该为其理论上的清晰划分而庆幸，还是要为之实际操作上的模糊牵扯而担忧。与其如此，不如从细微之处入手，倡导城市微观美学，点滴成效。如果，我们这座城市确定还是需要留存些情怀，而又恰恰在我们的文化基因中，真的不幸存在着些许喜新厌旧的缺陷，让我们习惯了失忆，唯一的救赎就是，放弃保护利用观念中追逐大而空的虚荣，珍视散落在生活空间中的微弱触痕。这些岁月的伏笔，可能是我们能够借助的最后讯息和依靠，用以帮助我们抵抗对城市蹉跎过往的淡漠和遗忘。

所以，相较于所谓历史建筑和街区改造利用的大课题，我更关注的是如何挖掘、搜寻、确定、庇护甚至强化城市、街区、建筑等不同空间维度中的记忆坐标点，这是我对之的态度，更是我对之的工作方式和专业切入点。因此也定下方向，抽出时间和精力专门去推动这方面的研究，希望能为当下的城市化课题多拓宽一些视角，多触动一类思考，多提供一种方式，所作所为，愿对遗忘的抵抗为时不晚。

CHEN BIN'S WORKS
陈彬设计作品

项目名称：Big House 当代艺术中心

项目地点：武汉市武昌区临江大道

设计单位：后象设计师事务所

项目面积：3680 平方米

参与设计：张嘉 陈思女 余良麒 刘娜

摄　　影：周心然

Big House 当代艺术中心是一座百年建筑，自1915 年建成后屹立至今。它是民营资本家自筹资金建造的第一幢西式办公楼，有着厚重的历史沉淀。它也曾在风雨中见证着时代的变迁。它的重新设计是一次被唤醒的记忆，让情感穿越了整整一个世纪。

面对这个项目，设计师不仅仅是作为一位设计师参与其中，决定将其改造成一个与当下城市生活方式关联的关于艺术和设计的综合形态的公共空间，更是以一位策划者的身份来面对建筑的改造和使用。它包含以下若干区块：艺术中心、咖啡书吧、设计师买手店、服装高级定制、花店、美食教室、一个小型红酒博物馆和红酒私人托管机构，以及可以举办各种活动的沙龙空间和配套办公空间。这幢百年老楼将被注入当下更丰富的生活元素，充满生机。

这样一个具有多元属性的空间，作为改变的主体，在重新挖掘其使用价值的同时，不应该忽视它的曾经。在空间改造中，除了遵循老建筑改造的专业方式外，设计师还思考并尝试采用当下城市人群更易感知的方式，向这幢百年建筑以及曾在其中存在过的时间和生命致以尊重与纪念。

案例

PROJECTS

品鉴
Appraisal

主创设计：刘威
项目地址：武汉市江汉区淮海路泛海国际SOHO城
设计单位：妙物（中国）空间设计研究机构
项目面积：700平方米
主要材料：实木 石材

扫描二维码　　扫描二维码
观看品鉴视频　观看案例详情

PATH OF NATURE

妙物（中国）空间设计研究机构

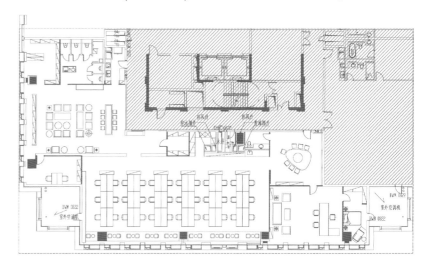

0　　　　5　　　　10m

本文介绍了刘威设计的三个不同类型企业的办公空间：大型服装生产企业、建筑设计院和空间设计研究机构。

进入服装企业的厂区，即有气势如虹之感。走进接待大厅，首先映入眼帘的是错落悬垂的金属镂空树叶，丝丝灵动，如自然天成。大理石背景墙恢宏壮观，水波纹质感地面坚固大气。设计师通过创意，用金属与石头打造出柔美与清新的空间感受。而长廊展示厅，运用裸眼3D等多种先进技术，既给人以宏大、悠远的想象，又颇具科技感，体现设计与科技结合、武汉本土品牌与国际接轨的时代节奏。

华建·正华设计院办公楼集办公、接待、生活、休闲于一体，致力于解决企业员工的现实生活问题，给人以家一般的归属感，提高企业的核心竞争力。设计中，主要通过抽象化手法将光线、绿植和水景带入建筑内部，使建筑本身自然和谐，身处其中令人惬意。室内借助光影变化阅读空间的疏密层次分布，使用几何线条和灯光使空间充满立体感，在视觉中产生光与影的错觉效果。

妙物（中国）空间设计研究机构的办公空间选取原生用材，自然的色系，尽显古朴明净；现代化工艺与智能化配套设施，极尽传统之美兼容现代之新。设计中创意留白，让空间说话；现代简约，寻求内外整合化一之美。精细化设计，人性化考量，不忘初心，坚守设计诚意。

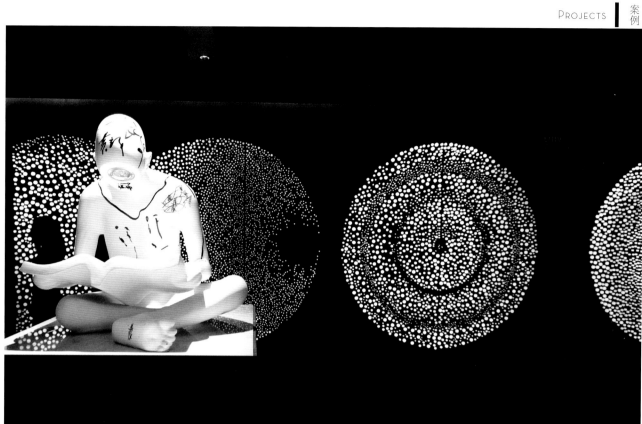

背景墙与
学习者雕塑

设计总监
办公室

刘威：道法自然的现代设计

美与空间关系俱生、俱长、俱灭，现代室内空间设计中融入传统哲学思想，是我的空间设计理念。空间设计讲求道法自然，注重虚实相生，有无相成，主次有秩，明暗有度；融入五行智慧，又兼容鸿儒禅宗之道。

位于武汉郊外的大型服装企业，以江水、石头、森林，悟自然之机，得自然之趣。大厅内，金属镂空树叶形象由企业 logo 衍生而来，柔美的叶片错落有致；竖向大理石条块铺就的背景墙，犹如原始森林的磅礴之气。丝丝垂下的树叶在坚固的大理石墙映衬下，恰如树叶与森林相互呼应。地面采用长江水纹质感大理石，点缀江边温润的石头，既诠释出企业作为武汉之光的气势，又蕴含着内敛厚重的实力。

华建·正华设计院的办公楼除了办公空间，还包括接待中心、员工食堂以及员工酒吧、健身房等休闲空间，并设有单身公寓和小型幼儿园。本项目突出的亮点是选材上的创新，使用平价的黑洞石，并经过处理，在黑洞石表面喷涂黑色油漆，用吹风机将油漆吹进石材的每一个小孔中。天然石材与人工处理天人合一，凸显独特的效果。

我比较欣赏道家文化，所以妙物（中国）办公空间的设计元素都是从道家文化中提炼和转化的。但是我很不喜欢符号化的粘贴，所以空间里并没有使用一块窗花格，也没有书法作品，而是采用现代的手法提炼出能够被当代人接受的审美语言，通过设计传递中国传统文化。

办公室的墙面用现代的形式和简洁的手法传递阴阳、黑白、虚实的概念。所用的材料秉承道法自然的理念，钢板、木头、石头等都以本来的样子呈现，家居采用棉麻等天然纯粹的布料。

虽然整个项目设计施工的时间很短，但我们还是尽力设计出不同的个性。会议室是使用频率最高的空间，经常接待客户、讨论方案。我们买了一整棵 800 年树龄的柚木，自己设计和制作了

设计者的话

THE DESIGNER'S WORDS

01

01 妙物空间设计入口
02 妙物空间设计培训区
03 妙物空间设计 LOGO 墙

02

很多产品,在空间中使用。会议桌就是其中之一,采用比较平价的材料达到设计效果,体现设计的价值,这也是我们的一种设计理念。

会议室墙上的这幅画从太极图衍生而来,将太极图所有的黑色部分做成点,然后旋转。旋转出来的结果就是原来的白色部分也有了黑色,黑色里面的那块白色就变得隐隐约约,有非常浓的水墨意境,成为一幅很抽象、时尚的图案。这幅画是采用当代的手法诠释传统文化的一种方式,整体体现出我的设计价值观。

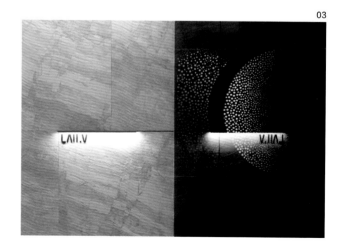

03

会议桌上方的灯是我们自己研发的,光打下来,正好只照亮人的脸和桌面,其他部分都没有光。开会时,大家交谈能够相互看清对方的面部表情,同时不影响使用 LED 投影,图像分辨率显得非常高,非常清楚,用起来很方便。

我们公司以做房地产项目为主,自己研发了很多五金配件,开模具,制作桌子、灯、拉手等,而且还申请了专利,用在自己设计的项目中。

过去的二三十年,走得太快了,大家不容易静下心来,将设计思考得明白透彻。希望今后设计发展得慢一些,倡导精细化和人性化的研究,这是我们公司也是我个人的设计理念。

对谈 | ASK THE DESIGNER

刘威： 进门处的旋转图案，是从一位艺术家的作品转换过来的，实际上是太极图的变形。五个圆形图案以五行金、木、水、火、土为意象，代表我们公司的五个组，每个组都有各自的特色。其中一个圆的形甚至是残缺的不完整的，但是五个圆放在一起，就组成了一幅完美的艺术图案。这也是我们的企业文化：追求和而不同。

崔华峰： 我怀疑你是做建筑的，你的设计建筑感很强。这个"阴阳"也很时尚，时尚的阴阳。

刘威： 这个"阴阳"在不断地变化，从那边旋转的太极，到这边左边亮、右边暗，是一圈一圈的，变成各种不同的关系。

在进门处比较高的醒目位置上，放了一个正在学习的人形雕塑，成为视觉焦点，体现企业打造学习型组织的理念。旁边是培训学习的地方，尽可能地做减法，以释放空间。墙面大面积留白，尽量减少吊顶，增加空间的透气感。这里的陈设利用工地剩余的石材等再改造而成，投影幕布做了智能化的处理。洗手间也做了智能化处理，门打开时灯就会亮，里面有没有人就很清楚。小便斗后面的墙上安装显示屏幕，播放视频，但是只留较窄的一条，如果想看到全部屏幕，就必须走到前面去，这也是通过设计影响人的行为。每位员工都有自己的马桶垫，有单独的放置空间，感觉像家一样。

秦岳明： 学习区域的地板和屋顶是对中的吗？

刘威： 不对中。因为结构的原因，有一条消防管道不能改，为此我们也专门讨论过。考虑空间整体的通达性，我们尽可能把人坐的地方拉开，不对中并没有影响下面人坐下来的感受。

这个项目的设计只用了 45 天，没出图纸，说到哪做到哪，做到细节的时候，现场直接拉线，做得比较随意，很自由。

01 对谈
02 嘉宾合影
03~04 服装公司大厅区域

01

02

03

04

陈彬：只有做自己的东西才会这样。这个鱼缸跟风水有关系？

刘威：是的，我认为风水是中国最具智慧的学问之一。细心看，你会发现鱼缸里面的鱼颜色更红，这是利用灯光的设计，增加了显色指数较高的光源使鱼变得非常红。整个空间的灯光没有任何眩光，白色墙面上的光都是有光晕的。

从入口到会议室和我的办公室，要通过开放办公区，这个区域使用了这样的隔断：从员工区往外看时，隔断是很薄的线条，空间不会受到隔断的影响；行走的过程中看到的是隔断的另一面，变成了屏风，可以遮蔽开放办公区的杂乱。武汉的气候是极冷极热的，通道上的柜子采用的是钢板拉手收口，为防止柜门变形。

我的办公室没做太多的装饰，基本上都是白墙。设计做加法容易，做减法很难。就像陈彬老师说的，设计过程中克制自己的创作欲望，有时候是困难的。想法总会很多，留下最适合的想法，去掉过度或者不适合的东西，往往能得到好的设计，但是很需要动脑筋。

崔华峰：只有空间做减法，才能收集东西，这是辩证的关系。

刘威：是的，要把空间留出来给大家用。

秦岳明：大家对设计师的办公室都特别感兴趣，办公室可以体现出设计师的思想。你的设计特别建筑化，空间的对应关系、比例关系，很像是建筑师做的。

刘威：其实我是非科班出身，我学设计时，更喜欢现代风格。现在又喜欢研究道家文化，希望将这种文化和设计融合，尽可能把关系调整到最简单的状态。所谓大道至简，事情复杂化结果反而不好。

秦岳明：越简单越需要细节比例的把控，而不是很多材料的堆砌。

刘威：中国的设计发展至今，仍然有很大的挖掘空间。设计做得再严谨一点、精细一点、人性化一点，这是目前我最追求的。

崔华峰：做设计到底是越来越容易做还是越来越难？早期做室内设计时，整天叮嘱施工人员要仔细做，告诉他们怎样做好收口，简直是心力交瘁。现在，所有的钢板、收口都是机械化制作，不用再看工人师傅的脸色，一切都弄得很好。从这方面看，设计应该是越来越容易做。很多的企业空间，装饰的元素很少，大量的是智能化、技术上的表现。这是一个新的设计时代，设计师一定要勇敢地跨界。

陈彬：因为时代的发展，以前的技术难点现在变得容易了。辅助工具越来越多，从最初的机械辅助到当今的数据化辅助和表现手法上的辅助，设计变得更加轻松简单。

但是，从另一个角度看，智能化、辅助工具无法代替全部设计，例如人类独有的情感。为什么软装会兴起？因为这些物件带有情感，带有特殊的感受，它不是材料，也不是简单的工业产品能够代替的。所以，从这个角度上说，虽

01~02 品鉴
03 妙物空间设计办公室
04 妙物空间设计培训区

01

02

03

04

然将来可能通过数据化设计出一个空间，但是机器设计的陈设和人设计的陈设是无法比肩的，不同的人设计出来的结果是不一样的，这是唯一让我们觉得很有希望的地方。

很多人把原创归功于具体的风格，所谓视觉上的东西，我认为原创最关键的是体验。同样的材料，我们五个人一起设计，做出的空间给人的体验是不同的。体验，包括文化的理解和融入的情感，这是真正的原创，而不是视觉上的原创。

崔华峰： 原创还有眼界的问题。做设计的成本很高，设计师要到处去开拓眼界，而不是拼命地画图，这样才能拿出让人感动的作品。

沈劲夫： 我认为，所有的空间都是定制的，每个空间都有自己的味道。前些年，谷歌的办公室影响了很多人对办公空间的理解。谷歌办公室为什么是那个样子？它是一家顶级的公司，里面都是顶级的人才，这些人怎么管理？没办法管。所以，谷歌办公室就让他们感到好像是没有任何约束的空间，这样的空间最适合这些人在一起工作。办公室里很多细节设计体现了谷歌的精神，就是让所有人在里面感到舒服，这是很重要的。员工、来访者、甲方，每个人在里面都能够找到一个点，这是很难得的。

刘威： 这也是空间的体验和感受。我在做这个办公室的时候，也希望每个员工都能很舒服，例如能午睡、有下午茶，上洗手间好像在自己家，这是设计需要更多考虑的方面。

沈劲夫： 一方面设计好做了，另一方面又比以前更难了。原创是一种体验，但是有多少人会用心去体验？很多人只能看到表象、样式，认为没见过的样式就是原创。这对于当下设计师来说难在哪里？现在，资讯发达，传播快速，世界已经没有秘密可言。甲方看过很多，很难再有东西令他们感到惊喜。哪怕设计师非常用心，也难保证能够引起甲方的兴趣和关注。

刘威： 以前我们见得少，觉得美国一线设计公司的方案很超前。但是现在同他们竞争的过程中，发现其实大家用的都是一样的东西。在资讯高度发达的社会，怎样做原创，怎样做适合的设计，确实是要从使用的角度，从体验上下功夫。

秦岳明： 强调体验的环节，必须要去体验。

沈劲夫： 今天上午参观正华设计院，没想到里面还有一个幼儿园。设计院和幼儿园，两个事物其实都不是原创，但是放到一起成为新的组合，这就是原创。定制时代，每个人对商业、工作、生活和人之间关系的理解，都要重新学习和探讨。

秦岳明： 每个人都可以从身边体验到设计。例如抽纸盒，旁边还可以放东西，甚至上面还有 USB 充电口，这些都是很小的生活细节，很多细小的体验和方面都有设计，都可以去发现。

01

02

01-02 品鉴
03-04 服装公司大厅
05-06 正华建筑设计院一层局部

沈劲夫：但是我想提一个问题，以卫生间为例，里面有纸巾架，也有放手机的位置，甚至还有 USB 接口，但这是不是也在纵容一个坏习惯？从设计师的角度而言，该如何做正面引导，到底该如何取舍？

陈彬：你提的就是一个过度设计的问题。一方面是通过设计让人的生活、让很多事情简单下来，不需要过度的设计；另一方面又强调通过设计的精细化去改变人的生活、方便人的生活，这两方面之间应该是什么关系，它们的度在哪里，有没有一个标准？

刘威：关于 USB 接口这件事情，我们公司之前也做过专题讨论。我们认为，使用手机这件事情很难改变，需要每个人的自律。养成良好的生活习惯，需要自我约束，这是另外一个层面。而设计是设计师的本分，我们要做的还是从设计本身出发，为人提供一个便捷的条件。

沈劲夫：所有的问题都可以用另外一种方式去化解。例如卫生间里加 USB，是否可以通过改变隔板横放的方式，把手机插进去，这样既解放了双手，又不能够看手机。

随着设计的发展，我们思考的问题是不是应该让设计向更有趣味、更有益的角度发展，这个也是很重要的。

崔华峰：刚才讲的都是社会学、技术方面的因素，看来设计教育中尤其是细节教育，真的存在问题，要降低美学教育的比例了。

沈劲夫：我觉得，美学的培育恰恰是不够的。现在的社会很物质化，孩子对美的认知很粗浅。我曾经带毕业设计，在毕业动员会上，我建议学生去听歌剧或者看话剧，有同学说看那个干吗？我当时就无语了。

陈彬：大学的时候讲这个，已经晚了，所以他们不看。

沈劲夫：所以，学习艺术的孩子情商一定要高。做空间设计，不是简单看一下画展就行，画展的营养太单一，没有真实地感受过、体验空间，如何能够设计空间。

秦岳明：所有的艺术表现都只是一个片面，所有艺术都有它的独特点，做设计都要去了解和知道，而不是盯在一个点上。

刘威：对，这个感触最深。《鬼吹灯》小说写得很精彩，充满了想象力。但是，电影的表现形式怎么也不能充分表现出来，每一种艺术表现形式都有它独特的地方。

沈劲夫：文字之美在于它是抽象的，而电影视觉之美是具象的。很多人看过书之后再看电影，往往感到电影索然无味，就是这个原因。但是没看过书只看电影，感受又会不一样。

刘威：东方艺术和西方艺术的区别也是如此，东方艺术是营造一种意境，让人去想；而西方艺术比较追求客观真实。

01

02

01-02 参观交流
03-04 正华建筑设计院 | 层局部

03

04

秦岳明：就像现代舞和京剧。京剧很多是靠意来传达，两个人就能演百万雄师，三五步就跨越千山万水。芭蕾也是用抽象的艺术表达某种场景。

沈劲夫：西方古典艺术已经将所谓的具象美学发展到极致，但是现在的问题在哪里呢？从设计的角度而言，东方传统的方式是提升人的技术，如庖丁解牛，人要不断学习；西方的思想是从技术的角度去改变。例如，中国厨师是一把菜刀走天下，而西方的菜刀各种各样，专刀专用，任何人都能用各种刀切出好菜，技术的提升降低了对人的要求。这两个体系完全不同。

当初工业造型是冷门专业，现在却是最具有时代精神的专业。因为它是产品化的，可以复制。建筑也可以采用模块化复制。而室内设计亦或是空间设计，在当下是热门专业，也是一个很尴尬的专业。因为虽然线条可以复制，但是不能完全复制概念。

秦岳明：有的也可以复制。例如把手，已经全部是工厂加工，是工业化、可复制的。最后需要设计师做的就是，如何将这些部件组合起来。

陈彬：选择和组织。

秦岳明：控制空间的关系。

刘威：我参观了贝聿铭在全世界很多的项目，发现其中的节点构造都是一样的，大师也在复制，是有限的复制。他

用一种识别性的语言，而且把这种语言做得非常成熟，这也是对社会负责任。汽车不会将概念车直接做成量产车，很多创造性的东西一定是经过多次推敲才能做成产品。好的设计也应该是这样，我们设计的项目中，有很多收口、工艺处理等方面的新创意，有的完全可以实现标准化。

沈劲夫：古典的建筑也有很多可复制化，只是中国在一个特殊的时段里变得复杂化了。原来都是标准的样式，不断地复制才形成风格。贝聿铭的作品，收口完全一样，他的弟子的设计，收口也是复制老先生的那一套。

陈彬：收口在材料方面并没有什么特别的，形成丰富成熟、非常好的收口就够了。亲身体验贝聿铭的设计，进去就有不一样的感觉，已经就是原创了。

秦岳明：虽然所有收口都一样，但带给你的空间感肯定不一样。

刘威：一个成熟的样式是可以复制的，但是复制一定要有自己的精神。看起来很接近的空间，注入自己的精神，气质还是不一样的。

我去香港常住驿居酒店，有一次不小心把一杯水泼到小水吧台上，发现水并没有流到边上，而是从挡水檐流下来。原来，水吧台的石材看起来是平的，实际上两边有一点点坡度。这个设计考虑得极其人性和周到，是我们目前所欠缺的。

01

02

01 参观交流
02 刘威珍藏的古书籍
03 品鉴
04 妙物空间设计多媒体会议室

03

04

沈劲夫：谈到细节，有的问题是不受控的，比如水龙头的高度，还有水龙头和面盆之间的关系，人的身高不同，使用的感受也不同。

刘威：的确，有的问题不是设计能解决的，设计只是有限解决。去年我为一个小区做设计，楼下垃圾桶的味道不好，就去日本参考解决方法，但失望而归。在日本，每天只有一个小时允许居民把垃圾放入垃圾桶，人们的习惯和素质决定他们不会面临味道问题，这在中国不可能做到。设计不能改变所有人的习惯，只能先想一个办法去解决现有问题。

沈劲夫：只有城市化和社会化发展到一定程度，人的行为标准才会出现一种自律的规范，这也是从市民变成公民的过程。设计有时是在规范人们的行为，但会有尴尬的时候，例如草地上规划了一条路，往往草丛中间还是会有人踏出第二条路。

刘威：遇到这种设计，我会尽量让路近一点，或者让其他地方完全走不过去，这个时期应该做这样的设计。我们在做的房地产示范区，可能要追求一个仪式感，把人先引到远的地方，然后再走过去。对待这种情况，要么是强制性的，不给人从草丛里走的机会；要么就是直接让人走捷径。什么时期就做什么样的设计，等大家都自觉了，就不用这么做了。归根结底，设计还是要以人为本，根据不同时期人的状态，做适合的有一定引导性的设计，但不能过度设计。

秦岳明：深圳市朗联设计顾问有限公司设计总监
崔华峰：广州崔华峰空间艺术设计顾问工作室主持人
陈彬：后象设计师事务所（ADF）创始合伙人
沈劲夫：HOWONE MAX 浩壹设计工作室主持人
刘威：妙物（中国）创始人

01 妙物空间设计走廊
02 妙物空间设计卫生间入口
03 妙物空间设计走廊墙
04 陈设
05 妙物空间设计会议室望向走廊

01
02
03
04

后记 | **POSTSCRIPT**

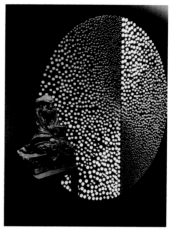

01

秦岳明：从小龙虾到空间的品味

接到中国室内的邀请，去了趟武汉，在品尝当地有名的小龙虾的同时，抽空参观了刘威设计的三个项目，一个是大型服装企业集团大厦，一个是正华建筑设计的办公楼，最后一个是他自己的办公室。

三个项目给人印象深刻之处，是刘威处理空间的手法都比较"建筑化"。此处的"建筑"其实应该有个基本的定语，即基于"20世纪初期现代建筑理论不断发展下的建筑"。

评判空间的好坏与否，和建筑一样，有三个基本要素：风格（Style）、功能（Function）和建构（Tectonics）。以往对于室内空间的评判，风格似乎是讨论的重点，对于功能与建构往往忽略或者仅是作为风格之后的补充。但对于现代建筑而言，"则反其道而行之，专注于功能和构造，并视功能和构造本身即为一种风格，刻意否定装饰，刻意反对提倡风格，从而形成独立的、功能主义的、构造性的风格，形成现代主义建筑类型。这是建筑上的一个重大突破，使建筑的意义的转达变得更加透明、明确和准确"（王受之《世界现代设计史》）。

从三个项目空间处理上，可以强烈感受这种思维的体现，感受到对功能与流线的严格把握与控制。立面材料的变化依附于功能空间及建筑体块的转变，并尽可能地将装饰手法控制在有节制、不影响空间大局的范围内。

服装企业大堂的空间尺度本身就是张扬而炫耀的，从这种张扬中可以看到企业的无奈与被动：必须迎合政府和客户对一个国际化公司的想象和要求。而以表面简洁的手法弱化空间的张扬，这是刘威的巧妙之处。竖向线条采用50毫米×300毫米×1200毫米的实心石材，在整体干净利落的立面中低调地表达出它的奢侈。

一个项目投入使用（或者运营）一段时限后，再去评判其设计的成果，不失为一种好的方法。因时间的沉淀，空间中会逐渐加入使用者根据自己的需要而做出的改变，而这种改变有些是在前期设计可把控并考虑的，更多的是属于时间的变化引致要求的改变而带来不可控的变化。但这种变化反而会给空间带来所谓的时间痕迹，甚至是意想不到的效果。这点在刘威的正华建筑项目中表现得特别明显。

正华建筑是 2013 年完成的项目，可以看到经过四年的变迁，使用者自己对空间的调整和改造，门厅增加的展板、水池边的玻璃矮隔断，尤其是新增加的一个幼儿活动空间更是出乎我们的意料。虽然刘威本人觉得略有遗憾，但我却认为恰好是这些改变，给原来纯粹并略显严肃和冰凉的空间带来一些温暖和人情味。使用者的介入让空间更富于表情，而不是停留在初始的所谓纯净的设计基础上。

2015 年启用的妙物空间办公室，是刘威自己的工作场所。基于对工作模式、管理形态、期望传递信息的熟悉，他将功能的考虑进一步细化。除了对基本功能空间关系的推敲，还考虑了从外部公共区域进入公司，到达接待区域、办公区域等整个流线的视觉和心理感受。难得的是，设计师能相对控制住自己的表现欲，将着眼点更多地放在对细节的推敲、空间结构的分析、使用方式的研究、照明的把控上。现代建筑的手法并不是冰冷和无趣的，从设计师对空间关系的分析，对灯具、艺术品的展示，就能感知到场所中的故事和生活的气息。

对设计而言，风格并无好坏之分，重点在于思考问题和解决问题的角度，如果仅仅是为了所谓的"形式"而忽略了功能和建构，就如同烹饪之注重调料而忽略了食材本身的价值。一如吃小龙虾，虽各有喜欢的口味，但主角还是小龙虾，更关键的是朋友能聚在一起，找几个下酒的谈资，人前共"品"，回家后各人自"鉴"，多好。

02

在黑白灰的对比中，加入温暖质朴的原木色，同时将色彩明快的黄色与蓝色作为点缀，传达生机勃勃、充满朝气的企业形象，营造出既贴合人心又富有内涵的舒适环境。

With the contrast of black, white and grey, incorporating the warm and rustic wood color, then adorning bright yellow and blue color, to express a vibrant, lively business image, and to create a comfortable environment that is warm and meaningful.

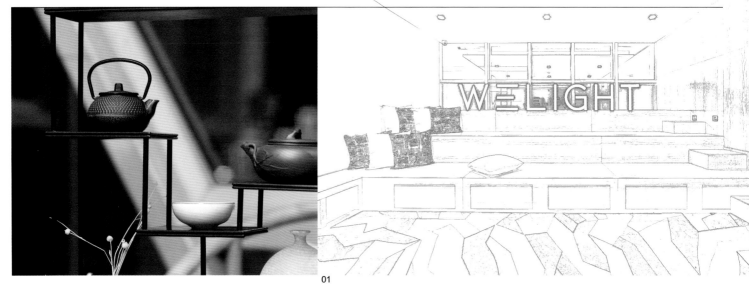

01

CHALLENGED LIVES
深圳微光创投南山办公空间

精
Featured
选

设 计 朱 真

主 创 王 锟

项目名称：深圳微光创投南山办公空间
项目地址：深圳市南山区科技园
设计单位：深圳市艺鼎装饰设计有限公司
项目面积：350平方米
主要材料：石材 木 玻璃 黑钢 地毯

01 陈设
02 洽谈区

扫描二维码
观看案例详情

02

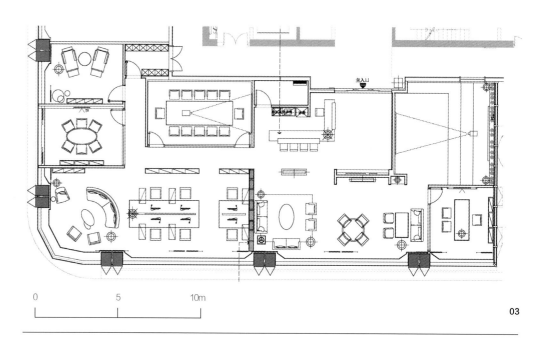

01

02

03

本案是深圳南山的一间办公室，位于南山科技园深创投大厦第 25 层。业主希望设计能够传达出他们作为创投行业"挑战者"的角色。基于创投行业的特性，设计师将"现代"作为空间的首要定位，旨在打造一个现代专业和富于激情的工作空间。

在发挥建筑空间本身具有的极佳采光性与通透性同时，设计师运用大体块的材质碰撞及结构穿插，以简洁的设计手法表现空间张力。在黑白灰的对比中，加入温暖质朴的原木色，同时将色彩明快的黄色与蓝色作为点缀，传达了微光创投生机勃勃、充满朝气、活跃于资本市场的企业形象。现代简约的语境下，融入一点传统形式，营造出既贴合人心又富有内涵的舒适环境。

在功能分区上，整个空间分成开放式办公区、休闲区、洽谈区、茶室、培训区、VIP 接待室和会议室等几个主要区域。各功能区域之间相对独立，经由开放式空间衔接与过渡，使之与外界环境达成流畅的互动和交流。开放的工作环境、舒适的公共空间与业主的诉求相贴合。更加灵活的空间划分，最终实现整体的平衡与统一。

在材料上，选用石材、木材等环保低碳的天然材料，同时选用玻璃、黑钢等具有浓厚现代气息的材料。空间局部界面运用原木色，与石材、黑钢等冰冷质地的材料碰撞，不仅加强了对比，还赋予空间温和的质感。

04

05

墙面延续钟书阁沉稳的书架造型，让第一次来到这里的人，也有似曾相识之感。红色砖墙一砌到顶，在午后温暖的阳光下，品茶读书，惬意溢于言表。

The wall extends the bookcase shape of Zhongshan Pavilion, allows first time visitors feel deja vu. Red brick walls straight to the roof, immersing under the warm afternoon sun, with tea and a book, cozy and pleasant.

01

DEJA VU
成都钟书阁

精
Featured
选

01 儿童馆
02 阶梯阅读区

主创 设计

李想

项目名称：成都钟书阁
项目地址：成都市高新区
设计单位：唯想国际
参与设计：刘欢 范晨
项目面积：1000 平方米
完成时间：2017 年 5 月
摄　影：邵峰

扫描二维码
观看案例详情

02

"万里桥西一草堂，百花潭水即沧浪。" 1200 多年前，大诗人杜甫用这样的诗句留下对成都的温润记忆，诸如"百花潭""草堂"等历史文化韵味十足的名胜古迹传承至今。成都，有着特殊的文化氛围和独一无二的悠闲自在，贯穿于每个人的生活之中，恰到好处地展示着它的优雅和闲适。遍布大街小巷的茶馆里，可以一边听说书先生的滔滔不绝，一边品地道的蜀地名茶，成都的街巷文化那也是一道独特的风景。

一直以重视文化为标签的钟书阁，也来到了独具文化魅力的成都。项目位于成都天府大道上的银泰中心，从商场扶梯步入四层，映入眼帘的便是最熟悉的钟书阁标志性的文字幕墙。为了更好地与成都这个充满魅力的城市融合，文字幕墙也注入了蜀地文化。幕墙之后便是由一根根"竹型书架"充满的空间，墙面延续钟书阁沉稳的书架造型，让第一次来到这里的人，也有似曾相识之感。地面上一个个形如"竹笋"的小摆台，活跃在这个寓意盎然的天地间。

01
02

穿过"竹林"的右侧，便进入儿童馆——一个丛林乐园般的世界。墙面上，一座座房子、一架架风车和可爱的熊猫仿佛隐藏在竹林的背后；地面上，一条绵延不断的休息栈道上跳跃着一朵朵的"大蘑菇"，为阅读的小朋友撑起一把保护伞。当然，作为钟书阁的另一个标志——镜面天花也不能缺席。

"竹林"左侧，隐约可见的红色砖墙，便是此间钟书阁最具特色的地方。通高5米的空间，红色砖墙一砌到顶，围合成几个独立的小城区，空中一条步行栈道穿插着其中，时而绕墙而行，时而穿门而去。只为偶遇心仪的书籍，尽情徜徉在小小的城区中。落地窗旁散落着可供休息的座椅，

在午后温暖的阳光下，品茶读书，惬意溢于言表。

走过"城区"端头，登上一步书籍楼梯，便来到了演讲厅。一条条看似随意的线条组成了高低错落的阶梯，可行亦可坐。在镜面天花的反射下，组合成一个上下映衬的"梯田"，在这里可以听上一场启迪心灵的讲座，亦或是一出引人深思的话剧。

你没来过成都，你不知道成都有多美，没去过琴台路，你不知道成都有多古。我们有理由相信，古琴台的故事一直会延续，"文君卖酒""相如抚琴"的故事仍然会上演。而钟书阁的故事也在继续着。

03

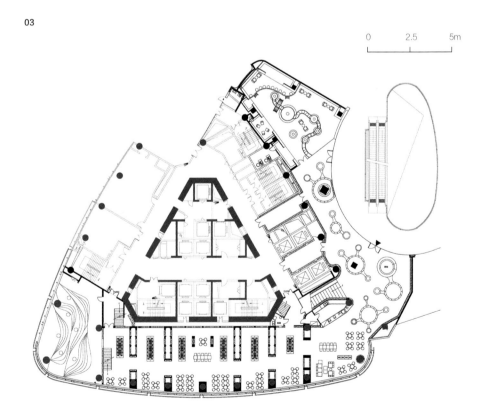

0   2.5   5m

04 05

06

大堂展示着老照片和过去的生活用品，客房采用黑、灰、白色系设计，以老街景照片作为背景，摆设具有历史感的家具，彷佛是一张大型立体黑白照片。

Old photographs and daily living items from the past are exhibited in the lobby, the living room adopt black, white, and grey color patterns, using pictures of old street as backdrop, with traditional furnishing, it feels like a large three-dimensional black and white photo.

01

01 陈设细节
02 入口接待区
03 客房背景墙

BLACK AND WHITE IMPRESSION
成都宽窄巷城市客栈改造

精
Featured
选

主创 设计

朱志康

项目名称：成都宽窄巷城市客栈
项目地址：成都市青羊区
设计单位：朱志康空间规划
项目面积：4742 平方米
完成时间：2016 年 9 月
摄　影：朱志康
主要材料：实木 瓷砖

扫描二维码
观看案例详情

01

02

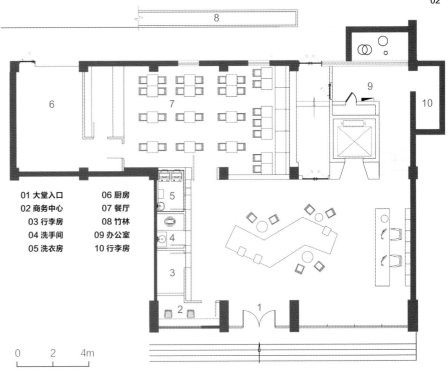

01 大堂入口　　06 厨房
02 商务中心　　07 餐厅
03 行李房　　　08 竹林
04 洗手间　　　09 办公室
05 洗衣房　　　10 行李房

0　　2　　4m

03

城市客栈酒店邻近观光景点——成都宽窄巷，已经营多年，业主想要改造酒店面貌使之成为主题酒店，但预算非常低。考虑到项目所处地点的历史和文化背景，我们想用具有创意的手法，将历史与现代结合，让人们走进历史。

大堂设计成看似很现代的艺术空间，展示老照片和中国传统生活用品，将历史通过艺术品加以展示。客房采用黑、灰、白色系，以老街景照片作为背景，摆设了具有历史感的家具，彷佛是一张大型立体黑白照片。走进这个黑白灰的空间，自拍时下最流行的照片，会发现自己像是闯入黑白世界中唯一的彩色形象。

空间中适当地设置些老旧物品，避免让人产生不舒服的感觉。设计以将历史作为当代艺术品的观念来营造气氛，在酒店中体现当地艺术作品的现在和过去。

04

采用禅意东方作为设计风格理念，注重自然、静寂、清雅的精神特质，运用色彩、灯光、材料的对比与搭配，演绎出太极的阴阳，并贯穿整体空间。

Using the Zen of the east as its design style concept, focusing on natural, calm, and elegant characteristics, using colors, lighting, and materials to contrast and match, the interpretation of the Yin and yang of the sun is used throughout the whole space.

01

THE ZEN OF THE EAST
深圳金融企业健康会所

01 陈设细节
02 走廊格栅
03 贵宾接待室

精
Featured
选

主
创

设
计

吴
开
城

项目名称：深圳金融企业健康会所
项目地址：深圳市怡化金融科技大厦
设计单位：深圳海外装饰工程有限公司
参与设计：林风景 黄海珠
项目面积：1300 平方米
摄　影：张骑麟

扫描二维码
观看案例详情

02

03

繁华喧嚣的都市、快节奏的生活方式，每个人都需要精神上的释放，需要一个可以静思冥想的空间，一个可以进行健身、品茗、娱乐和私人聚会的场所。

会所位于深圳湾科技园区怡化金融大厦，是一家金融公司的会所，主要功能是企业内部接待和召开发布会的场所，同时也是老板和朋友们的太极健康会所。

设计采用禅意东方作为会所的整体风格理念，摒弃繁琐的装饰，注重自然、静寂、清雅的精神特质，净化喧嚣尘世中心灵的浮躁，追求天人合一的境界。空间小中见大，借景造景，相互渗透，运用色彩、灯光、材料的对比与搭配，演绎出太极的阴阳，并以此风格贯穿整体空间。

设计融入了中国传统文化，以心静如水的"水"和淡雅如莲的"莲"为元素符号。空间的静谧中孕育着大气和淡然，突出健康、文化、茶道交流的精神。空间注重功能的同时，强调色彩、材质、尺寸、细节及饰品等给人的五官体验，打造出远离尘世喧嚣、质朴无暇、回归本真的高品质企业会所。

03

04

01　接待前厅
02　贵宾接待区
03　多功能厅陈设
04　平面图

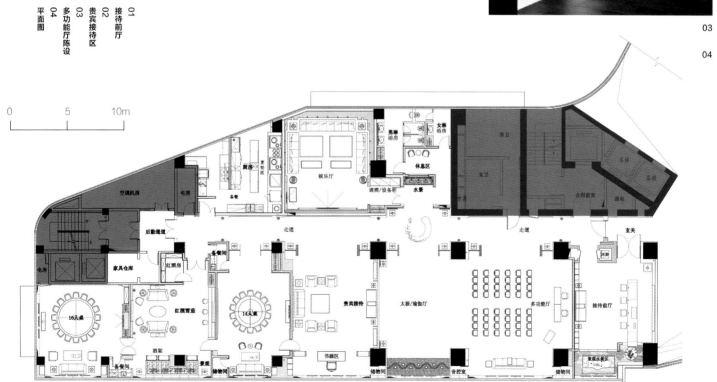

整体设计风格低调，简单，散发着粗犷自然的特性，质朴亲民，让人格外轻松。所有的设计语言都归结于简单实用：让观众如同吃饭、看电影一般地去看戏。

The whole design style is simple and low key, expressed the characteristics of wilderness and nature, rustic, warm, and relaxing. All is design languages can be summarized as simple and practical: allow the audience to enjoy the play as if they are having dinner or watching a movie.

01

01 墙面标志
02 剧院全景
03 剧院设备区
04 舞台吊杆系统

DREAMS FINALLY COME TRUE
上海美罗星剧院改造工程

精选
Featured

主创
关欣
张珉

设计
关欣
张珉

项目名称：上海美罗星剧院改造工程
项目地址：上海市徐汇区嘉浜路美罗城
设计单位：华建集团建筑装饰环境设计研究院／华建集团华东都市建筑设计研究总院
参与设计：朱望伟 左晶
项目面积：3400 平方米
主要材料：阻燃吸音玻钎板 木饰面板 矿物质吸音喷涂（渐变漆）专业舞台地板 地毯

项目由舒适堡健身馆改建为舞台剧场，包含一座剧场和一间排练厅，坐落于集购物、餐饮为一体的大型商场之中，简单、亲切的设计元素，将上乘的戏剧演出巧妙地融入现代都市生活的中心。

前厅的整体设计风格低调，简单，散发着粗犷自然的特性，质朴亲民，让人格外轻松。未经装潢的水泥质感的灰色地坪漆地面，保留着古朴、怀旧的味道；独特的装饰造型细节渲染文艺小资情怀，完美呈现做旧工艺。所有的设计语言都归结于简单实用：让观众如同吃饭、看电影一般地去看戏。

前厅通往剧场的蓝色入场门以铆钉造型装饰，将前厅的 loft 风格完美过渡到内场。观众厅为 26 米 ×27 米的矩形平面，共设 20 排 699 个座位。整个剧场如同一个"黑盒子"，红色的方格飘顶是唯一的色彩亮点。弧形吊顶优雅的曲线镶嵌着白色 LED 小灯珠，灯光

扫描二维码
观看案例详情

01

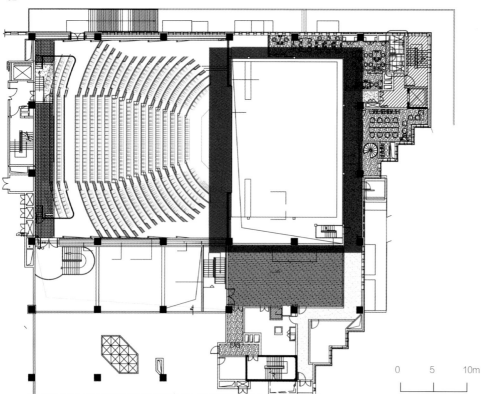

02

0   5   10m

03

从交界面的间隙中泛出柔和的白光，如点点星光。弧形顶面使灯光渐缓渐落，远处如天幕低垂，如梦似幻。钢制观众座椅分为红、蓝、黄三种颜色，复古暗雅，在黑白色调的空间中显得相对丰富。

为了满足声学效果，房顶采用黑色的A级矿物吸音喷涂，墙面造型增加反声板和玻纤吸音板，顶面、墙面、地面甚至家具的吸声系数都经过计算，声场达到A级专业级剧场效果。

旋转舞台是整个剧场内的亮点之一，直径9米，旋转速度0.01~1米/秒，满足快速换景的需要，使各幕时间缩短。舞台前缘可伸展至观众席，第一排的观众与台上演员相距仅2米，形成亲密的表演空间。

舞台上的机械主要包括机械栅顶、吊杆系统和幕布系统。采用钢筋混凝土框架结构将建筑从原本的地上5层加建到地上8层，舞台栅顶与球形网架相结合，重新搭建顶面，使屋顶抬高至40.75米，部分楼面开洞保持面积不变，满足观演空间的要求。舞台承载量细化到每台机械装置部件的用钢量和质量，升降控制系统中加入重量感应系统，每根吊杆挂载的质量实时显示在控制界面上，一旦超过额定负荷，系统自动启动保护模式终止运行。

舞台灯光包括面光、耳光、侧光、顶光等多方位的灯具配置，共设5道灯具吊杆、8套侧光吊片，使用20台电影聚光灯，创造出不同的布光方法。

防火幕设置在舞台台口，距主舞台面2.5米处，阻尼开始下降，设有紧急手动释放装置应急关闭系统，一旦发生火灾，钢板会瞬间落下，把舞台和观众席隔为两个区域，有效防火。

后台区全部使用PPC环保材料，舞台专用地板、舒适简单的座椅，配以柔和的灯光与亲和的色彩，保证了演员在化妆休息时的安全和便捷。

04

设计师引"画"入室，将工艺、文化、艺术等元素，恰如其分地运用于设计规划中，同时以鲜明、大胆、创新的现代手法演绎传统、优雅的精髓，成就充盈于心的高贵。

Designers bring "paintings" inside, incorporating elements of crafts, culture, and art into design plans perfectly, at the same time, apply distinct, bold, and innovative modern methods to interpret the essence of tradition and elegance, the achievement is due to the noble heart.

01

01 陈设细节
02 客厅

TRANQUIL SCENES
广州金茂府精装交标 D1 单位

精选
Featured

设计   主创

徐景洲

项目名称：广州金茂府精装交标 D1 单位
项目地址：广州市荔湾区
设计单位：奥迅设计
项目面积：135 平方米
主要材料：原木 条纹墙纸 意大利冰玉

扫描二维码
观看案例详情

此处，设计师严格按照金茂府交楼标准，引"画"入室，将工艺、文化、艺术等元素，恰如其分地运用于设计规划中，同时以鲜明、大胆、创新的现代手法演绎传统、优雅的Hermès品牌精髓，加以完美的细节、装饰做点缀，成就充盈于心的高贵。

巨幅墙纸是客厅的视线核心，多种动物图案的刻画带给生活更多趣味。一幅与动物和谐共生的"意境画"，搭配由"H"符号演变来的马赛克地毯、几何造型的茶几以及橙红色置物柜，将爱马仕的时尚元素贯穿整个空间；电视背景墙选用意大利进口冰玉，金属线点缀其上，尽显优雅品位。

明黄色艺术吊灯点亮餐厅空间。坐在精工制作的皮革椅上，聆听轻松、愉悦的音乐，用餐亦变得优雅怡人。一旁的水吧大方利用爱马仕皮革的经典色——橙色作为空间的跳跃色，延续经典。

02

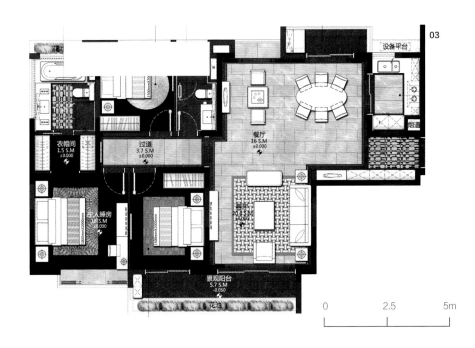

01

02

厨房的空间与结构上，设计师把握得十分到位，配色、构图都干净利落；大片的白墙流淌着水墨般的纹路，渗透着高质感空间，整体布置流畅、舒适。

主人房选用进口条纹墙纸铺贴墙面，在浅咖与浅灰交互搭配的色调中，利用艺术台灯、金属画框、摆设及软毡作为挑色载体，构筑各个层次的生活画面，搭配出简约、时尚的居住空间。

主卫中原木的柔和予人暖意；地板拼花的几何图案，提升空间的现代感，搭配意大利进口冰玉墙体，营造大气、尊贵空间。精致细节中略带奢华，带来视觉、感官上的贴心舒适。

次卧延续主卧的设计风格，采用矜贵、典雅的深紫色与经典灰为主色调，以吊灯、床背的艺术摆设以及多幅艺术画作渲染空间气氛，代入一个线条简洁、舒适的家居环境，构筑一方雅致的休息空间。

孩子房将爱马仕最经典的动物标志——马的饰纹纹样融入床上家私，并运用橙黄、天蓝、经典褐、香槟金等多种出挑配色，搭配镜框、挂画、小物件摆设等，创造出一个属于孩子的城堡。

04

05

集萃
Collection

苏州龙海建工办公空间

主创设计：蒋国兴
项目地址：苏州市昆山区前进东路
设计单位：叙品空间设计有限公司
主要材料：防腐木 墙面砖 石材

苏州

广州 Blue Space 办公空间

主创设计：李宝龙 陈小虎
项目地址：广州市天河中心区
设计单位：Bloom Design 绽放设计
参与设计：邢子超 邱文娣
项目面积：230 平方米
摄　　影：何远声
主要材料：青砖 白玻 胡桃木

广州

上海芮欧钟书阁

主创设计：李想
项目地址：上海市静安区芮欧百货
设计单位：唯想国际
参与设计：刘欢 范晨 童妮娜
摄影：邵峰
项目面积：1000 平方米

上海

厦门国际金融中心办公空间

主创设计：吴开城
项目地址：厦门市思明区
设计单位：深圳市凯诚装饰工程设计有限公司
项目面积：2000 平方米
主要材料：金属板 大理石 实木

厦门

上海水穿石培训拓展公司

主创设计：张雷 孙浩晨
项目地址：上海市普陀区
设计单位：目心设计
参与设计：姜大伟 张仪烨
项目面积：96 平方米
摄　　影：张大齐
主要材料：水泥 实木 金属 玻璃

上海

无锡越众机电总部办公空间

主创设计：刘强
项目地址：无锡市宜兴
设计单位：一墨十方·刘强设计事务所
项目面积：1237 平方米
主要材料：雅士白乳胶漆 白蜡木 乳胶漆

无锡

成都黑匣子运动馆

主创设计：周勇刚
项目地址：成都市静居寺
设计单位：合什建筑 & 朴诗建筑
项目面积：900 平方米
摄　　影：存在摄影

成都

郑州中德华建办公空间

主创设计：李信儒
项目地址：郑州市郑东新区
设计单位：SCD 墅创国际设计机构
参与设计：沈冲 孙永福 黄德宇
项目面积：360 平方米
摄影：张明
主要材料：玻璃 竹 实木

郑州

北京留云草堂工作室

主创设计：常可 李汶翰
项目地址：北京市怀柔区
设计单位：普罗建筑工作室
参与设计：张昊 赵建伟 谢东方 崔岚
占地面积：1200 平方米
建筑面积：800 平方米
摄　　影：孙海霆

北京

南昌中央香榭别墅

主创设计：冯晓光
项目地址：南昌市红谷滩新区
设计单位：南昌捷大装饰工程有限公司
参与设计：郑倩 吴雪亮 胡小芳
主要材料：大理石 实木

南昌

武汉华发中城荟美学馆

主创设计：秦岳明
项目地址：武汉市汉口金融街
设计单位：深圳市朗联设计顾问有限公司
参与设计：肖润 何静 阮元缘
项目面积：671 平方米
主要材料：麦秸板 水泥纤维板 木纹水泥板 艺术地坪 耐候钢

武汉

福州 ROCO · 巨象文化办公空间

主创设计：林开新
项目地址：福州市台江区
设计单位：大成设计
参与设计：朱珊珊
项目面积：580 平方米
主要材料：木饰面 阳光板 钢板 铝网格

福州

上海经研院设计中心办公楼修缮

主创设计：宋海瑛
项目地址：上海市黄浦区江西中路
设计单位：华建集团现代建筑环境设计研究院
参与设计：张国恺 祁辰黎 卢兵兵 王博
项目面积：2003 平方米
主要材料：石材 实木复合地板 玻璃隔断 铝板

上海

福州大成设计办公空间

主创设计：林开新 朱林海
项目地址：福州市怡山创意园
设计单位：大成设计
主要材料：硅酸钙板 枕木旧陶砖

福州

北京观云咖啡

主创设计：王奕文
项目地址：北京市朝阳区慈云寺
设计单位：和合堂设计咨询
主要材料：原木 水泥

北京

昆明天池公馆 270A 户型样板间

主创设计：卢燚娜 朱芷谊
项目地址：昆明市晋宁县
设计单位：奥迅室内设计
项目面积：750 平方米
主要材料：实木 大理石

昆明

北京泰魅餐厅

主创设计：王奕文
项目地址：北京宜家
设计单位：和合堂设计咨询
摄　　影：毛立广
主要材料：红砖 原木 黑白地砖 水泥

北京

上海赞那度旅行体验空间

主创设计：陈暄
项目地址：上海奕欧来购物村
设计单位：十上建筑
参与设计：张拓 王志佳
项目面积：600 平方米
摄　　影：隋思聪

上海

桂林

桂林阳朔花梦间酒店

主创设计：姜晓琳 闵耀 王东磊 曲云龙
项目地址：桂林市阳朔县
设计单位：共向设计
参与设计：陈马贵 宋森
软装设计：共向美学
项目面积：2800平方米
摄　影：井旭峰
主要材料：木饰面 玉芙蓉大理石 黑色拉丝不锈钢 木模混凝土 毛石 肌理涂料

苏州

苏州金螳螂商学院

主创设计：杨震 季春华 梁爱勇
项目地址：苏州大学独墅湖校区
设计单位：金螳螂设计研究总院
参与设计：穆恩典 张小优 华玉霞 郁健 赵军
项目面积：27639平方米
主要材料：防火板 三聚氰胺板

香港 KASA 餐厅

主创设计：卢曼子 林振华
项目地址：香港中环
设计单位：Lim + Lu 林子设计
项目面积：47平方米
摄　影：Dennis Lo, Nirut Benjabanpot
主要材料：镜子 瓷砖 大理石

香港

广州

广州金茂府精装交标 C1 单位

主创设计：徐景洲 朱芷谊
项目地址：广州市荔湾区
设计单位：奥迅设计·奥妙陈设
项目面积：120 平方米
主要材料：原木 大理石 瓷砖

苏州

苏州建屋国际酒店改造

主创设计：秦岳明
项目地址：苏州市吴中区
设计单位：深圳市朗联设计顾问有限公司
参与设计：王建彬 郑超 李慧慧
项目面积：5969 平方米
主要材料：不锈钢 墙纸 镜面 木饰面

深圳悦肴绿景虹湾店

主创设计：王锟
项目地址：深圳市福田区下梅林
设计单位：深圳市艺鼎装饰设计有限公司
参与设计：潘焕之 许哲
项目面积：315 平方米
主要材料：金刚砂 防火板 砖瓦 黑铁氟碳漆 仿木纹砖

深圳

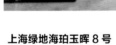

上饶三清山机场室内设计

主创设计： 李秩宇
项目地址： 江西省上饶市
设计单位： CCDI 卟智室内设计
参与设计： 浦玉珍 李小菲 杨彦铃
项目面积： 10457 平方米
摄　　影： 鲁飞
主要材料： 金属网 铝方通 阳极氧化铝板 花岗岩

上饶

上海绿地海珀玉晖 8 号

主创设计： 黄全
项目地址： 上海市长宁区白玉路
设计单位： 集艾室内设计（上海）有限公司
参与设计： 褚震 刘细妹
项目面积： 1000 平方米
软装陈设： 汤胡莎 李文

上海

淄博知味斋 1987

主创设计： 沈溪
项目地址： 山东省淄博市张店区
主要材料： 旧砖 水泥 实木

淄博

黑马火锅淮北国购店

主创设计：王锟 潘焕之
项目地址：安徽省淮北市淮北国购广场
设计单位：深圳市艺鼎装饰设计有限公司
项目面积：960 平方米
主要材料：铁板铜锈漆 红砖 旧木板 水泥板 素水泥

昆明湖景林苑 800 户别墅样板间

主创设计：卢燚娜 朱芷谊
项目地址：昆明市晋宁县
设计单位：奥迅室内设计
项目面积：750 平方米
主要材料：实木 大理石

安徽

昆明

河南省电力公司综合调度楼室内装饰工程设计

主创设计：邱继瑾
项目地址：郑州市嵩山南路
设计单位：华建集团建筑装饰环境设计研究院
参与设计：何嘉杰 杨佳慧 王晓真
项目面积：68588 平方米
主要材料：发光灯片 铝瓦楞 木饰面 地毯 木吸音板

郑州

BRIEF ANALYSIS OF THE INTERIOR DESIGN OF MODERN COMMUNITY HOSPITALS

现代社区医院室内设计浅析
——以北京市中关村医院改扩建及综合楼工程设计为例

刘雪焕　中国中元国际工程有限公司

摘　要

社区医院与综合医院、诊所等医疗场所的设计要求不同，它既是基础医疗服务设施，同时也是社区养老的重要场所。在社区医院设计中，不仅要考虑医院的功能、技术需求，还要努力将其打造成生态化、人性化的社区卫生服务空间。本文以中关村医院改扩建及综合楼工程设计为例，以绿色、生态化及人性化的设计理念为指导，从室内造型、色彩、照明及细节等多方面的设计实践为例，浅析现代社区医院室内设计方法。

关键词	KEY WORD
社区医院 室内设计 绿色 生态	community hospital, interior design, green, ecology

首层入口大厅效果图　　首层电梯效果图

项目背景

北京市中关村医院是二级甲等综合医院，也是社区卫生服务的先驱者，主要服务于海淀区中关村街道、四季青镇和学院路街道以及朝阳区的社区居民。

本次设计为中关村医院改扩建及综合楼工程，建筑面积为 34860 平方米。其中，地下三层，建筑面积约为 16669 平方米；地上六层，建筑面积约为 18191 平方米。建筑高度 23.6 米（病房部分女儿墙至其室外地面的高度），设置床位 200 张。

项目定位

中关村医院设计首先满足社区医院的使用功能，同时引入生态化、现代化的设计理念，将其打造为绿色节能的社区医疗机构。另外，在设计中整体考虑周边高科技园区的环境特点，使中关村医院与周边环境更好地融合在一起。

首层南侧主街连廊效果图　　　　　二层中医特色门诊效果图

室内设计实践

室内设计延续建筑语言

建筑作为一个自然综合体，包含墙、柱、门窗等多种元素，这些元素既是结构的组成部分，也是划分空间的介质。室内设计是建筑设计的细化，墙面、顶面和地面等界面都依附于建筑的骨架。因此，本次设计将建筑语言延续到室内设计中，使新的中关村医院的空间体验更加统一和谐。

改建前的医院首层大厅是两层挑空的长方体空间，整体较为细长，中心区域有三根柱子，且柱子之间的关系不够规整。这个空间作为入口大厅，进深较小，横向距离过长，是比较难处理的问题。本次设计提出室内空间与建筑结合设计的概念，将柱子、顶面与墙面的造型进行整合，弱化了空间的结构关系，使大厅与柱子后面的走廊形成一个整体，达到更加宽敞的视觉效果。入口处设置服务台，作为该空间的功能与视觉中心。服务台背后的主要墙面设计了由树脂板组成的装饰材料，竖向的图案肌理来源于建筑外立面的元素。不同纯度的绿色组合点出整个空间清新的气质，同时，将同色系的颜色延伸到周边空间当中，营造出入口大厅整体、大气、清新的空间氛围。

将大自然引入室内空间

绿色生态是整个建筑及室内设计行业的发展趋势，亲近大自然的室内环境能使使用者的心情更加放松，视觉上也更加舒适。本案为医院的整体设计，缓解医护人员及就医人员的紧张情绪是本次设计所要达到的效果之一。在设计中将大自然引入室内，通过细致的分析植物在不同生长阶段及春、夏、秋、冬不同季节中的不同状态，抽象出形态与色彩，应用到具体设计中。配合自然光线及人工照明设计，使室内空间更加生动，增添了自然的魅力。

本次设计整体以米白色调为主，加入少量绿色作为点缀，整体空间简洁明快。在一层大厅、一层南侧走廊、电梯厅等位置着重设计，塑造简洁、温馨、绿色的现代社区医院形象。

在首层主街连廊的设计中引入"花园"主题，以自然界中的植物形态作为室内设计的主体元素，运用绿叶、枝干等图案来象征生命与健康。医疗主街设计绿植墙，使大厅空间充满生机，在美化环境的同时创造舒适的可停留空间，使整个医疗空间清新怡人。另外，通过艺术品的陈设烘托出医疗环境的文化气息。

首层电梯厅是人流集散的主要场所，电梯厅的主要墙面是使用者的视觉重点。在设计中，选择与主色调相和谐的绿色树脂板材料做装饰，每层使用不同明度的颜色，增加空间的可识别性。位于主墙面对侧的导视系统采用同色系的浅黄色，加强空间的指示性。

二层的中医门诊区域，区别于其他空间，采用木质材料，呼应大自然中植物的根茎及泥土元素。木色格栅与米黄色弹性地材PVC结合使用，使该空间更加柔软温和。天花运用木质格栅有序的排列组合，凸显空间韵律感，彰显中医带给人的传统、亲切的感受。

三层走廊休息区效果图　　　　　　　　　　　　　病房卫生间效果图

标准化设计

由于医疗建筑的专业性及特殊性，其中门诊、病房等功能空间的配置和布局都已经形成成熟的标准。在本次方案设计中，结合已有的标准化设计内容和该项目特有的概念及特点，对这些功能空间进行了统一设计。

注重细节

本次设计注重人性化及功能性的细节。在医院内的每个楼层均设置了休息厅、餐厅、阅读区和咖啡休闲区等，完善医疗环境的功能配置，便于使用者休息和交谈。室内环境的清新舒适，可以减少使用者的精神压力，舒缓烦躁的心情。

在病房、卫生间等功能空间中，安全扶手、淋浴间座椅等设施的设计在更加微观的方面体现出设计的人性化。

导视系统整体设计

医院在投入使用时，导视系统往往起着至关重要的作用，尤其是门诊、急诊等区域。作为引导流线的主要标识，一套设计完善的导视系统能够引导患者快速就医，有效地疏散人流，提升空间的使用效率。

本次设计中，根据医院的不同区域设计一级、二级、三级导视系统。色块的组合和字体的选择都根据建筑及室内带给人的空间感受来设计和选择。导视系统整体较为简洁、易读，能够有效的引导患者就医。黄与绿的配色与医院整体色彩完美融合，并且为空间增添了几分活泼的氛围。

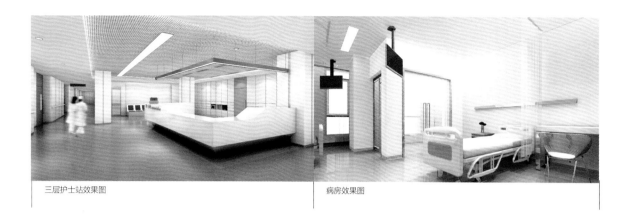

三层护士站效果图　　　　　　　　　　　　　　　　　　病房效果图

光环境及声环境

系统设计

光能够增强或弱化造型的立体感，衬托或者淡化材质和肌理，是控制空间氛围的重要元素。本次设计以人工照明为主，同时注重自然光线的引入。

由于季节、天气等因素的变化，室内的光环境表达也呈现不同的景象。在本次设计中，合理搭配使用冷暖光源，运用反光灯带、装饰膜灯等多种灯光形式，主要空间适当增加艺术性的光线效果，如艺术吊灯等，营造舒适温馨的医院光环境。

病房的光线布置选择专业的灯具，主光源避开病床正上方的位置。在床头背景墙集成医疗带上设计光源，既可以作为间接光源，也可以当作阅读灯使用。病房及病房卫生间设置小夜灯，即使病人在夜间醒来，也能感受到家庭的温暖。

相关研究表明，当噪声达到 45 ~ 50 分贝时，病人的烦躁情绪明显增加，达到 60 分贝时，会引起身体不适。因此，医院静区室内噪声控制在 40 分贝以下。在公共空间的设计中，避免出现过于空旷的大尺度空间。天花、墙面及地面都选择吸声降噪的隔声材料，如橡胶、亚麻、PVC 软性环保材料等。

小结

本次设计在室内空间的处理上沿用建筑语言，使医院室内与室外一体化，体现出整体感。同时，将大自然引入室内环境中，以象征健康与生命的花草树木作为图案及色彩的灵感来源，打造出亲近自然的绿色生态医疗空间。在细节上，包括导视系统、光环境与声环境的设计都有较为细致的考虑。医院整体空间布局合理，流线清晰，为医院的使用者提供了舒适、清新的就医环境。

社区医院是基础医疗服务设施，也是社区养老的重要场所，旨在为周边居民提供方便、快捷的就医环境。附近居民到此就医，分散了综合医院常见病、流行病的就医人群，通过有限医疗资源的合理配置，缓解居民就诊难、看病贵的难题。在今后社区医院的设计中，考虑医院的功能、技术需求的同时，还要努力实现人性化的社区卫生服务空间，本文在这方面进行了有意义的探索，为设计更加舒适、绿色、生态化的社区医疗环境奠定了良好的基础。

参考文献
[1] 聂玲玲 . 医院室内环境的绿色设计初探 [J]. 现代装饰（理论）,2013(2):131.
[2] 黄琼，倪旭玮，张颀 . 基于环境健康准则的绿色医院建筑空间设计研究 [J]. 建筑与文化 ,2014(6):19－23.
[3] 朱冉 . 天津医科大学生态城医院绿色建筑方案设计 [J]. 工程建设与设计 ,2013(5):28－31.

一方面，当前中国设计很火、设计教育很火；另一方面，时代变了，设计教育也必须改变。随着技术进步和社会发展，要求我们对设计教育进行重新思考。

现在的高校设计教育，有的强调问题导向，通过自主地发现问题和为问题提供解决途径；也有的强调结果，更关心业主、客户、落地技术等，两者不同，时有争论。前者以人的体验和行为为切入点，后者以市场、客户为切入点。

设计教育的思考
● ● ● ● ● ● ● ● ●

问题 1：在当代社会发展背景中，设计教育的任务和目的应该是什么？

问题 2：关于设计教育中，以问题为导向和以结果为导向，应该如何平衡这两者？

问题 3：设计教育与设计实践之间是否需要缝隙？如何衔接设计教育与设计实践？

沈雷： 我有一个诗人朋友，交友广泛，爱好广泛。有一次闲聊中谈到，如何进行技能培养，然后成为职业？人生之中是否可能有更多的尝试？诗人之子学校毕业后，因为喜欢烹饪去他另一个朋友处学习厨房事务，现在是餐厅的二厨。是否可以用类似的方式来内建筑学设计？我回答，如果是喜爱可以来试。然后，两年时间浸泡在设计的环境里，自学、请教、跟随，当然还有天赋与努力，已经具备了设计师的基本技能，设计教育与技能培训是不同的概念。有天，我问这个"95 后"是否还有其他行业要去学习？如果有可以告诉我。他答，或许想去做个滑雪教练，但或许也就只是个梦想。时代变了，我们的教育也得改变了。

傅祎： 各地各类高校有各自的教育担当和教学侧重。**/ 崔笑声：** 设计教育能不能是通识教育的一部分。我感觉设计教育本身就是一种关于思维的素质教育。**/ 秦岳明：** 设计火是因为本来就没有设计，忽悠一下说不定就成大师了。教育火是因为扩招可以赚钱，尤其是环艺系，分数不够，素描来凑，上几个星期的速成班，好过去拼数理化。

傅祎
Fu Yi
中国建筑学会室内设计分会
理事
中央美术学院建筑学院
教授

崔笑声
Cui Xiaosheng
中国建筑学会室内设计分会
理事
清华大学美术学院环境艺术系
副教授

秦岳明
Qin Yueming
中国建筑学会室内设计分会
理事
深圳市朗联设计顾问有限公司设计
总监

沈雷
Shen Lei
中国建筑学会室内设计分会理事
内建筑设计事务所
设计总监

沈劲夫：

设计教育的任务和目的，这个问题好严肃！可能在不同的层面会有不同的答案。个人认为，教育的目的就是引导受教育者经历启蒙、学习、质疑、创造等阶段的探索与实践过程。设计也是现代社会生产力，是应用性很强的学科，设计教育包含艺术、美学、技术和职业教育等多个板块。从教育机构的分类设置和管理的角度而言，不同人才的培养目的和任务是不同的。如是一般职业教育机构，则以技术为先，以保证就业和工作的稳定性为任务。如以培养高端设计人才为目的，则以艺术、哲学、美学以及社会学等多元思想为体系，强调其思想性与创造性的能力，保持个体的直觉，激发学习者智慧的潜能。简而言之，现在所有问题都是基于对未来的思考，以前培养学习者都是标准化的，即使标准再高，也如同一个模子里生产出来的，是模式化的，常常会扼杀人的天性和创造力。而当下培养学生的目的就是在高标准要求下进行差异化培养，以保持个体的直觉和独立，以激发人的智慧为目标。同时让所有学习者都能以敬畏之心，尊重并欣赏所学的专业，且用正确的价值观传递这种能量，以满足未来世界的需要为培养使命。

设计教育以问题为导向和以结果为导向，平衡是必须的，两者其实是不矛盾的，互为因果。问题的产生和解决也是为了保障结果的完美。但过程研究和导向往往比结果导向更重要。不同的教学机构类型，研究和专注的侧重点本来就有所不同。研究型和教学型都是为解决不同层面不同的人而设定的。不同的事情有不同的解决方式，不能错位，但可以相互借鉴参考。结果型导向比较务实，但遇到具体问题时，依然可以引用问题型的思维方式和案例为榜样和例证来找到解决问题的方式。在虚实之间各有侧重就是平衡状态。目标导向和未来导向也是我们需要引入的思维和践行方式。

沈劲夫
Shen Jinfu
中国建筑学会室内设计学会会员
湖北大学艺术学院副教授、硕士生导师
HOWONE MAX 浩壹设计工作室
主持人

设计教育与设计实践之间是否需要缝隙？如何衔接设计教育与设计实践？首先，什么是缝隙？我认为，所谓缝隙一是指接合处，二是指微小的空处。此时，我的理解是是否需要一定的间隔？要！且必须要！但还是要从培养的人才类型和方式上来界定。设计实践也分为几种类型，在项目实践上，可以划分为实际课题（务实）和研究性或实验性课题（务虚）两类；在形式上划分，则一种是以实习的方式进入市场（商业），另一种是以工作室的形式介入专业领域（学术）。如果是职业型人才培养，可以无缝对接。在共享时代，资源整合必然是好事。若是高级人才培养，我想，帮助学生树立专业精神和独立性就尤为重要了。学习者过早地误读了社会的复杂性与矛盾性，可能会动摇和影响其对专业的敬畏之心。我看过某些这样的案例，产生过思考和疑虑。保持一定的距离，保留一定的空间，让不同的人在不同的跑道上自由奔驰。虽然因人、因地、因时而异，但是理想主义者还是谈点理想中的状态吧！

唐海波：

设计教育与设计实践之间是否需要缝隙，要从两个方面看：从创新思维来看，设计教育提倡打破常规、创意表现、扩展思维；而设计实践倾向于产品意向、真实落地。教育为日后的实践开阔思维空间，保持一定的距离是必要的。从社会对接来看，需要做到教育与企业之间"零距离"。

就环境艺术设计来说，这是一门实践性很强的综合性学科，理论到实践的转变显得尤为重要。课堂学习的理论知识不结合实际，技能得不到拓展与提升，也只是纸上谈兵的空想。要增强设计实践环节，从课堂训练、设计实习、工程实践三个阶段入手，并逐步深入。首先，教师自身应具备设计实践能力。提倡教师积极参与社会实践、了解市场行情动向、掌握行业发展方向、熟悉材料工艺流程，通过工程项目提高自身专业水平，参与社会活动提升综合素质。教师的综合能力是决定教育质量的基本因素，教师具备一定的社会实践经验，才能在教学理论中直接讲述真实的案例，结合实例深入分析，分享从设计到施工的思维逻辑。其次，建议在课程训练中加入真实的环境场景，指定设计的服务对象，模拟特殊的客户诉求，让学生在课题中确定目标，有法可依。将实训植入教学核心位置，增强学生的实训意识。再次，引入具有丰富实践经验的企业家和设计名家，面对面地向学生传授行业发展态势、介绍优秀设计作品与企业发展实例，提高学生对社会的认知。最后，建立校外实习基地，加强实践训练，从设计实习到工程实践逐步深入，缩短学生与社会的距离。同时，开设实践课堂，为学生提供良好的实践环境，让他们直接接触项目、了解客户需求、认识工艺流程，进行教育与实践的链接，实现"零距离"直接上岗。

唐海波
Tang Haibo
中国建筑协会室内设计分会理事
佳木斯大学环境设计教研室主任
佳木斯新空间室内装饰设计组总监

宋微建
Song Weijian
中国建筑学会室内设计分会
副理事长
上海微建建筑空间设计有限公司
创意总监

宋微建：

作为用人单位，对目前的教育意见最大的是，教育偏重技术和理论而忽视方法和实践，学生大多能做不加限制的"创意"，但遇到实际工程项目就不行了。学生经验不足情有可原，但是如果对设计的基本流程陌生，不了解设计过程的条件收集、研究、沟通、出概念、出方案、设计预想表现、设计施工工艺文件直至施工把控等，是不应该的。学生学了众多经典理论和案例，知道不少，但是会用的太少。设计是一门运用技术、艺术建构与人的关系（使用）的应用学科，设计重在解决"用"的问题，方法是解决问题的最佳路径。学校是不是能加强"用"的教育呢？央美最近展出的"关于空间建构的教学实践"活动，业界反响很好，值得借鉴。

分享

SHARE

INFORMAL
DISCUSSIONS ABOUT
THE INTERIOR DESIGN
EDUCATION

中国的设计教育多偏重技术，缺少对设计最本质的理解，这样就很难将设计放到社会中，和其他的因素形成互动，只是在一种约定俗成的关系下发挥它的作用。

室内设计教育漫谈

文 苏丹

设计发展至今，分很多门类，如建筑设计、工业设计、室内设计、平面设计、服装设计以及陶瓷艺术设计等，这些门类的基础和发展的背景不同，呈现的状态也不尽相同，因此，不能笼统地谈论中国的设计教育。

工业设计是一个完全西化的概念，在中国得不到市场强有力的支持，目前虽然有所改善，但是依然存在很大的问题。产品设计也就是工业设计，立足点非常好，很多年前就看到了广阔的发展前景。但由于过去知识产权保护的原因，市场存在极大的问题，因此，学校是理想主义的，市场是现实主义的，这对于学生来讲是一场灾难，同时反过来又会影响教学体系中理性的东西。

平面设计不是一个基本功的问题，而是观念问题。新的时期，新的技术手段已经颠覆了过去的美学基础，传统的世界经验不存在了，需要创造一种

新的理论支持之下的新的图像基础，这是所有设计的一个基础问题。相对来讲，国内的平面设计和整个世界平面设计面对的问题和挑战比较接近。例如，面对图像时代的到来，新技术手段的快速发展，如何增强对图像的敏感性，创造更具时代气息的图像等。

室内设计和建筑设计可以说是近亲，甚至说是建筑设计下属的一个学科。一方面，室内设计部分学科要依附于建筑设计基础之上，相当于建筑设计的深化；另一方面，室内设计的发展根据市场需求而后发，所以发展比较多样化。

从另一个体系角度来看，在当今特殊的时代背景之下，室内设计具有强调独立性、多样性的特点。但是，由于这种独立性不完全强调本身的形式，是更深层次的一个问题，因此无论是市场还是设计者，这方面的意识还很落后，独立性并没有完

全显现出来。室内设计一方面技术手段的功底不够扎实，另一方面忽略了其独立性、存在的意义和应有的引导。

中国室内设计在世界上的位置是怎样的，应该以怎样的眼光看待世界，以怎样的姿态应对世界？第一，室内设计进一步职业化非常重要，就是要紧跟上游即建筑设计的步伐，将建筑设计进行深入，将涉及的领域更加职业化处理，不留死角，要进一步提高项目的设计完成度。目前来看，这个问题主要体现在建筑界。一方面，大多数建筑师还没有能力很好地把控细节，将空间做得很完整；另一方面，室内设计和建筑设计的关系比较微妙。建筑师认为自己可以全部处理好，但实际上要面对精力不足，甚至手段不足的问题。再有，一个项目如果没有拆分，对业主来讲是一体的，会造成预算和经费的不足等问题。中国建筑业发展的进一步提升会对室内设计提出新的要求，中

国的室内设计如果能够跟上这个步伐，就能够在职业性上缩小与世界一流水平的距离。

第二，室内设计独立的发展方式，恰恰是中国一个潜在的发力点，体现中国更多自由度和可能性。回顾过去20多年，中国室内设计大跨度的飞跃发展，也是得益于不完整的建筑设计和变化的市场经济提供的广阔实践天地和很多机会，获得了相对独立的施展才华的天空。

中国的室内设计如果要在世界真正获得一席之地，取决于整体职业性和竞争力的提高。目前，中国还是设计文化进口大国，有一些输出也是以援助缅甸、老挝等周边东南亚不发达国家和地区项目为主。能够在北美洲、欧洲和东南亚发达国家中看到中国本土设计师的大量项目，才是中国设计真正强大的标志。同时，中国的室内设计教育体系需要进一步完善强大，能够有新的增长点，显现出我们敏锐感觉到时代变化的趋势，代表世界的未来，这是一个反映设计成就的重要标志。

总体来看，中国建筑设计教育已经有近百年的历史，形成了自己的步骤和特点，系统性比较强。但是，中国建筑设计教育过于偏重工程设计教育而忽略了建筑作为一种社会载体的功能，或者社会变革工具的作用，即建筑的文化属性和人文属性偏弱。

关于设计师对教育的作用，设计的一个核心是，在实践中用自己的行动解决问题，然后接受社会的评价。高等教育不是解决不了这些问题，除非社会本身有问题。过去的中国，高校是科研的主力和绝对的先锋，这是有问题的，说明市场经济非常不完整不发达，职业体系很糟糕，才造成这种局势。

近15年来，我去过美洲、欧洲、大洋洲以及亚洲很多国家的学校，进行考察交流，增长了很多见识，很多现象成为我思考的素材。中国设计最大的问题是设计教育模式单一，基本跟着市场跑，而正在走向更加强大的大国不应该是这种单一的形态，应该是不同的地域和院校有丰富的形态，有的侧重应用，有的侧重素质，有的侧重研究等。由于中国各地条件的差异性，每个地方承担的责任和精神准备，实际上是有很大差异的，用单一的形态去适应复杂的环境，必然会出现很多问题。例如有理想的学生，可能就得不到让理想飞翔的环境；教学内容过于空泛，不适合崇尚技能擅长做具体事情的学生。

总之，中国的设计教育多偏重技术，缺少对设计最本质的理解，缺乏设计作为事物存在的价值等方面的思考，这样就很难将设计放到社会中，和其他的因素形成互动，只是在一种约定俗成的关系下发挥它的作用，这可能是中国普遍性的问题。

双头的鹰，矛盾的熊

DOUBLE-HEADED HAWK, CONFLICTED BEAR

图文 施皓

几百年来，俄罗斯一直在西化和东化两股力量的角逐中摇摆前行，俄罗斯人也在这摇摆中，形成对立又融合的独特个性，为世界奉献出了灿若繁星的俄罗斯文化。

01 克里姆林宫红墙内外
02 狭小的双人床
03 莫斯科红场瓦西里升天教堂
04 莫斯科全俄展览中心十二金人水景
05 弗拉基米尔小镇金门

01

俄罗斯是一个处在深深矛盾中的伟大的国家，就像它的国徽双头鹰，面对着东方和西方，这个民族身上反映着两种截然相反的性格，糅合起来形成一种说不清道不明的奇特感受。

02

大 VS 小

在俄罗斯，你能感受到它的大。2000万平方公里，从太平洋边缘的海参崴到波罗的海边上的圣彼得堡，火车要开整整一周，跨越 8 个时区。

也能感受到它的小。小小的旅店中有张小小的床，双人床相当于我国的单人床大小。大个子的俄罗斯人难道不会觉得憋屈？

04

03

05

严谨的艺术 VS 粗糙的线脚

在俄罗斯，你能感受到它的艺术和学术氛围。路边的广告栏中多的是芭蕾舞的广告，多的是画展的讯息，甚至是书籍的广告。各种博物馆、艺术馆遍布城市的中心地带，浓郁的艺术氛围和严谨的学术气氛使得俄罗斯艺术和科学研究在世界上享有盛誉。

在俄罗斯，你还能感受到它的随意和粗枝大叶。路面上无处不在的坑坑洼洼，建筑上随意粗糙的线脚、不对位的落水管等，都昭示着俄罗斯的不拘小节。非人的生活环境和极差的使用体验，是我们参观完古代俄罗斯民居后的强烈感受。

虔诚与纪律 VS 肆意与放纵

在俄罗斯，你能感受到它的虔诚与纪律。占领着莫斯科、圣彼得堡城市天际线的，除了一些现代的高楼大厦之外，就是遍布全城的东正教教堂那高高的洋葱头屋顶。只有区区7万人的小镇弗拉基米尔就有20座教堂。做祷告时，沉默而又虔诚地匍匐在耶稣和圣母面前的俄罗斯人，哪怕他的手臂上纹满了各色的纹身。

也能感受到它的肆意与放纵。夜晚的俄罗斯街上，你会看到许多躺倒在街头烂醉的莽汉，会有许多烟鬼凑上来向你索要烟卷，青年男女在街头肆意挥霍着青春。

欧洲风格 VS 东方气质

在俄罗斯，你能感受到它强烈的欧洲风格。整个圣彼得堡就是彼得大帝仿照法国、德国的城市兴建的，从皇宫到教堂，从博物馆到剧院，从居民楼到商业街，仿佛置身在巴黎或者慕尼黑。同时，你又能感受到它内在的东方气质，对于自然的热爱、对于生活的幻想和对于环境的顺从接纳。

01

02

何处飞来双头鹰

俄罗斯多重矛盾性的产生，是因为它广袤的自然，丰富的物产为俄罗斯的生活提供了取之不尽的物质条件；广阔的横跨欧亚的地域，为它提供了多种不同的民族构成；长时间的严酷冬季，是俄罗斯人敬畏自然、充满幻想的根源。但更重要的缘由，是俄罗斯历史上曾经发生的三件改变俄罗斯人命运和气质的主要事件。

03

第一件事，"罗斯受洗"。988 年，俄罗斯大公弗拉基米尔迎娶了拜占庭帝国的安娜公主，率领俄罗斯人在第聂伯河进行洗礼，全面接受东正教作为国教。从此，俄罗斯人在精神思想上获得了统一，奠定了千年的思想根基。而拜占庭帝国本身东西方结合的气质，也开始影响俄罗斯的民族性。1453 年，土耳其人灭拜占庭帝国后，拜占庭的国祚流入俄罗斯，使得俄罗斯自认接了正统的罗马帝国的旗帜，产生了深深的历史使命感，为罗马开疆辟土成为俄罗斯人自觉的行为，从而打下了这广阔的疆土。

05

04

06

第三件事，彼得大帝和叶卡捷琳娜女皇的西化改革。这次改革使得俄罗斯与现代世界接轨，在随后的几百年中，俄罗斯人一直在试图融入西方，回归欧洲。

以上这三件事情的相互作用，使得俄罗斯人成为既独立于西方又不同于东方的，但是又与东西方有着千丝万缕关系的独特的国家形式和民族气质。几百年来，俄罗斯一直在西化和东化两股力量的角逐中摇摆前行，俄罗斯人也在这摇摆中，形成自己的对外扩张同时又对内残忍、热爱自然同时又崇拜强人、虔诚信教同时又钻研科学、忍耐坚韧同时又充满革命性的对立又融合的独特个性。也就是这种个性，为世界奉献出了灿若繁星的俄罗斯文化。瞻仰一下躺在莫斯科新圣女公墓中的那些伟大的灵魂，随便哪一位都值得后来人为其脱帽致敬。

第二件事，"蒙古入侵"。1235 年，成吉思汗的孙子拔都攻占俄罗斯公国及其他相邻公国，建立了组成蒙古帝国之一的"金帐汗国"。在统治俄罗斯的 200 多年中，蒙古人强迫俄罗斯人接受了东方大一统的集权国家形式，东方国家的运作模式和组织机构也被俄罗斯人继承下来。蒙古人切断了俄罗斯与西欧的联系，使得俄罗斯走上一条和欧洲截然不同的发展模式。蒙古人还改变了俄罗斯人的气质，至今，俄罗斯人还被称为"白皮的鞑靼人"，同时也继承了蒙古人对于疆域的极度渴望。

世界上所有国家和民族的形成，都是一系列偶然和必然事件不断作用的结果。了解这些事件，体验者能更好地理解观察到的文化和现象，这也是世界和历史带给人们有意思的地方。俄罗斯这个庞然大物，绝不是一个外国人蜻蜓点水般游览10 天就能完全了解的。但是"好奇的目光常常可以看到比他所希望看到的更多的东西"，保持对世界的兴趣，是设计师面对世界应有的态度。

（本文作者为华建集团上海现代建筑装饰环境设计研究院有限公司景观院五所设计师）

01

编者按

清华大学美术学院环境艺术系曾名为中央工艺美术学院室内装饰系，是1975年创立的我国第一个该专业的教学机构，是中国建筑学会室内设计分会1989年创办时的筹备单位之一。该系创始人奚小彭先生是我国该专业杰出设计师和杰出的教育家，并曾任名誉理事长。今年是该系成立60周年，发此两篇是为对该系表示祝贺，对奚小彭先生表示怀念之情。

REALITY, TRADITION, INNOVATION
现实 · 传统 · 革新

01 奚小彭教授
02 人民大会堂五星大厅
03 人民大会堂楼梯
04 北京展览馆正门入口浮雕花饰
05 北京展览馆建筑细节

全国人民代表大会会堂是一个规模宏大、气势磅礴，具有深刻的纪念意义的建筑物。面宽336米，进深206米，面积17.2万多平方米，比故宫全部房屋面积大2万多平方米。建筑总高46米，比天安门高13米。周围134根直径1.5米和2米、高21米和25米的巨型列柱，竖立在5米高的花岗石台基上，和色彩鲜明的琉璃檐口构成了一个严整而又壮丽的空间轮廓。整个建筑包括一个能够容纳一万人开会的会堂，和可以举行五千人宴会的大厅，以及数十个为此附设而用途各不相同的厅堂。

中央大厅洁白的平顶上饰有金光粲然的几何纹样，五只晶体玻璃制造的、具有民族风格的大吊灯从中挂下来，照得大厅明澈犹如璇宫。会堂平面为腰圆形，32米高的青色穹顶，形成一个气魄宏大的室内空间。穹顶作水波状，由中心向外层层扩展，

处理简洁新颖。交谊厅装饰简约和谐，宴会大厅装潢富丽而不繁琐，色彩绚烂而不浮华，给人一种全新的、民族色彩浓烈的印象。

结构主义以单纯的科学技术来替代建筑的思想性和艺术性，片面地强调结构、技术和材料在建筑创作中的作用。形式主义把建筑形象的创造等同于绘画的构图，抹杀建筑的功能，把建筑装饰提到凌驾一切的高度。两者在摒弃建筑的社会内容和思想深度，并据此来评价建筑作品的优劣这一点上，所犯的错误是相同的。除此之外，复古主义认为，中国建筑的形式经过了数千年的锤炼，已经达到了尽善尽美的地步。要运用，就得忠于原物，不可稍有改动。这种创作思想是害尤烈。

社会在前进，新的结构、新的材料、新的施工技术在不断出现，一个具有远见的装饰美术工作者应该觉察到这些新鲜事物，努力使自己的创作能

够契合时代的脉搏。企图运用老一套方法进行设计，强迫新的结构、新的材料、新的施工技术服从老的艺术形式，已经不合时宜。这就需要革新，革新的意义就在这里。

我们认为，必须承认传统对于新的创作所起的作用。我们反对那种对待民族遗产不屑一顾的虚无主义，同样也反对抱残守缺、墨守成规、奉古人为神灵，把视野局限在个别历史遗物上。我们有权接受祖先遗留给我们的丰富遗产，有权分析和批判这些遗产，同时也有义务在民族优良传统的基础上，结合实际，创造出能够称得上是继往开来、无愧于前人、无愧于当代、无愧于后代的作品来。

传统是民族艺术的神髓，只有依赖一种共通的传统，才能传达民族以及个人的思想感情。历史上始终令人珍视的装饰艺术也就是最能感人最能遵循传统的作品。然而遵循传统不等于"顶礼膜拜"。

人大礼堂是国家最高权力机关制定国家大计的场所，具有无比的严肃性和不可侵犯性。但这里又是人民行使自己权力的地方，就要求必须给人一种亲切而又乐于接近的感觉。人大礼堂以其雄浑的、色彩丰富的艺术形象，表现了上述这些基本特点。

我们不能把适合剧院或者展览建筑的装饰题材借用过来，原因是这里不能像剧院那样宁谧闲适有失大度，也不能像展览建筑那样轻灵剔透有失端庄。人大礼堂装饰艺术必须是庄严凝重、雍容大方，但又不能流于滞拙和矫作。自然界的花花草草，美则美矣，但是不免嫌其纤弱；镰刀、斧头、星星虽好，用多了又担心陷于一般化。研究再三，最后决定在石膏、石刻浮雕上大量采用卷草纹样，吸收魏晋饰纹的质朴和唐宋饰纹的流畅，融汇糅合，另创新义。

02

03

"灯光是室内装饰的灵魂"，这句话虽然未免言过其实，但是也反映了人们对灯具设计的重视。诚然，灯具设计对于一个装饰美术家来说，确是一件难事。它既要能便于使用上控制照度的大小，又要能满足精神上对美观的要求。多少年来，不少人在这方面进行过探索，确是解决了各种各样的实际需要。但是从形式上来看，我们依然缺少民族的却又不是套用旧的式样的蓝本可作参考。刚接到人大礼堂灯具设计的任务，真是无所适从。最初曾经企图采用"改良的"宫灯形式，但是得来的反映还是嫌其陈旧。两者不同，在于前者是从中国形式出发考虑问题，后者是从西洋形式出发考虑问题。中国也罢，西洋也罢，都不能给人一种鲜明的时代感觉。摸了很久，此路不通。最后还是领导给大家开了窍：首先从使用出发，

04

05

出类拔萃的装饰美术家的可贵之处，在于不受因袭传统的束缚，在浩若瀚海的遗产中取其精华和健康的感情，它没有形式主义的空虚颓废，没有结构主义的冷酷无情，也没有复古主义的矫揉造作。

社会生活给予装饰艺术的影响是深远的，但是，装饰艺术有自身的规律和特点，表现形式对于装饰艺术来说具有重要意义。寻求最恰当的形式来表现时代充满诗意的生活内容，是社会主义现实主义装饰美术家的当前急务。不过应该注意，这里所指的形式，不像"纯粹的美学者"说的那样具有独立的意义。把形式作为创作时追求的唯一目的，只能使形式神秘起来，这样的形式定然不能令人理解。

01

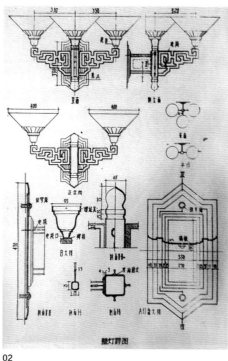

02

03

只要有助于达到使用目的，制作材料和制作技术符合我国目前生产情况，对于人们的感情又不是那么格格不入的形式，不论古今中外，兼收并蓄，大胆创造，使它变为我们自己的东西。

人大礼堂建筑装饰大量采用沥粉彩画不是偶然的。自古以来，多少画工花费了毕生精力，为后代留下了这一份宝贵遗产，它深受人们欢迎并且引以自豪。建筑师和装饰美术家正确估计了这些情况，就在宴会大厅、交谊厅和国宾接待厅里运用了这种装饰形式。我们有意避免重复某些中国彩画繁缛琐碎的缺点，汲取那些章法严整、纹样生动、色彩明快的优点，重新加以处理，不受原来格局和画法的限制。在题材选择上打破陈规，利用了民间和少数民族的装饰纹样，给彩画艺术注进了新的血液，能够给人一种新颖、生动的感觉。

中国文化不断受到世界其他民族文化的影响，这是历史事实。尤其在今天，人类互相往来频繁，各国文化交流迅速的情况下，装饰艺术要想遗世独立，不受外来影响，简直是一件不能想象的事情。

吸收外国装饰艺术的一切优良部分，来丰富和提高自己的创作，原来就是一件好事。但是，如果主张全盘西化，一脚踢开传统的"忘宗灭祖"的世界主义倾向，好事就会办成坏事。这和那些目光短浅、顽固地拒绝和外国先进文化接触，妄想紧关大门，独搞一套的保守思想，一样是错误的。

功能主义者在解决房屋合理使用问题上，有积极的一面，我们应该毫无偏见地去学习，但是必须批判他们否认建筑装饰的可能性，认为"只要正确完成建筑物祖传工程方面的功能，艺术表现就会'自动的'产生"这种谬论。同样我们可以学习结构主义注意技术、经济的积极的一面，但是必须批判那种以虚伪的革新做掩饰，实际上却在消灭建筑装饰艺术的民族性和进步传统的行为。

一个民族有自己的理想，有自己的生活爱好，不能也没有必要强求一致，其他民族的装饰艺术不能完全适合中国人民的口味也是理所当然的事情。即使外国某些先进的东西，能够满足中国人民当前的生活需求，能否立刻搬用也未可知，因为这

里还要牵涉到本国科学技术水平和材料供应状况等复杂问题，不是一旦心血来潮就什么都可以办得到的。1958 年布鲁塞尔博览会中许多展览建筑的设计，采用了新的结构技术，无论在功能上、经济上和材料使用上，都已达到了很高的水平，个别建筑的装饰处理，造诣极深。是不是我们马上就去学他们的样，像西德馆天桥那样用塑料来做屋盖，像苏联馆那样用玻璃来做墙壁，像挪威馆那样用钢化玻璃来做窗框呢？不必讳言，至少在目前还是难以做到的。归根结底一句话，学习国外先进经验也要结合我们国家的具体情况，分清是非优劣，衡量轻重缓急，灵活掌握。囫囵吞枣或者操之过急，只会事倍功半甚至铸成大错。

装饰艺术不是建筑上的附加物，它既不是为了填补空白，也不是单纯为了美观，而是作为构成建筑整体形象不可缺少的部分而存在的。这就要求建筑师在建筑平面和空间布置开始的最初阶段，就要和装饰美术不同要求的厅室做各种不同情境的创造，规定好一个大体轮廓。不能干到哪里算哪里，或者先把架子支好，再想到和装饰美术家"合

作"，结果装饰美术家只好在事前规定了的大大小小的框框里面做一些填填补补的工作。这样填补的必然结果是建筑和装饰没有直接整体联系，给人一种支离破碎的感觉。

建筑装饰贵在恰到好处，不是越多越妙。多则紧，少则简，繁简之间最难取舍，然而取舍的秘诀在于宁简毋繁。我们常说：中国画法最讲究虚实，往往画面上一块空白，较之着墨最多的地方更难经营，更能引起欣赏者的兴趣。建筑装饰何尝不是如此，所谓"留有余地"的意义就在这里。过分堆砌，只会给人一种臃肿庞杂的印象，别无其他好处。对于一个建筑师或者一个装饰美术家来说，这是一个值得深思的问题。

在社会分工如此细致的今天，建筑师不可能包办代替所有人的工作。建筑师和装饰美术家原来都是一个建筑物的共同设计人，他们对一个建筑物的经济质量和艺术质量负着同等重要的责任。不同的只是他们之间的分工而已。从艺术创作的角度来看，不应该有谁绝对服从谁的意图办事的情况存在，但是这并不否定建筑师在一个建筑设计过程中所起的主导作用。作为一个创作集体的组织者和一个设计方案的决策人，建筑师必须具有最后决定某项装饰设计的或者某张图纸是否采用的职权。但是这种决定应该是客观的，而不是以个人的喜好作为取舍的标准。我爱什么，就叫别人画个什么，不管他所爱的在现实生活中到底还具有多大意义。这种做法，只能窒息装饰美术家创作构思的正常抒发和妨碍一种具有新的意图的作品出现。

建筑装饰能否获得优美的效果，关键在于建筑师、装饰工人、装饰美术家的真诚合作，认为装饰工人、装饰美术家只是秉承建筑师的意旨做事，因而使一个建筑物的装饰艺术产生种种缺陷，应该说是建筑师的过错。

建筑师应该给装饰工人、装饰美术家大胆表现自己创作意图的机会，不能把内容和范围规定得太狭太死。同样也不能表面似乎很是尊重装饰工人、装饰美术家的创作，骨子里则在暗自忖度：你是你的一套，我是我的一套，胳膊拧不过大腿去，到头来还是我的一套。

人大礼堂是中国劳动人民的双手建造起来的。我们亲眼看到工人们在凛冽的寒风里竖起了森林一样茂密的钢筋骨架，也亲眼看到他们在火热的太阳底下砌完了最后一堵砖墙，他们那种奋不顾身的劳动热情深深地感动过我们，那些建筑者生龙活虎的形象，将永远留在我们的记忆里。（**本文节选自《奚小彭文稿》，曾发表于1959年第七期《装饰》杂志，作者为中国室内设计和建筑装饰设计教育创始人之一、中央工艺美术学院环境艺术研究设计所所长**）

04

01
民族文化宫门厅
02-03
民族文化宫壁灯，顶灯设计图

04
北京饭店新楼休息厅
05
北京饭店外观

05

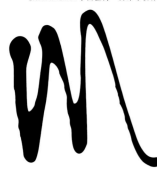

y memories

我的几点回忆
—— 写在清华大学美术学院环艺系成立 60 周年

建筑装修室内设计专业大师，为国家城市建设创作大量经典作品，专业理论，专业著述硕丰，引导全国专业发展，培养大量国家专业骨干和教学人才，引导专业正确方向。

文　张世礼

清华大学美术学院环境艺术设计系成立于 1957 年，在国内是首创。成立之初为中央工艺美术学院室内装饰系。

1959 年至 1964 年我在该系就学时有 16 位老师，他们分别是建筑设计、家具设计、灯具设计、室内织物设计方面有长期实践和研究的设计专家，还有三位是对绘画、图案有高深研究的艺术家。社会上对他们的作品评价很高，堪称为时代的经典。特别是奚小彭教授设计的人民大会堂主会议厅，水天一色、气势恢宏，其艺术水平在今天也难以超越。潘昌侯教授主持设计的中国过去驻波恩的使馆内外环境艺术设计，充分利用楼前后的地形地貌，室内外空间丰富流动，功能导向明确，装修具有中国特色和韵味，被德方视为东方艺术的珍品，波恩城市环境中的明珠，被政府确定为星期五的旅游景点。罗无逸教授对家具有精深研究作品颇丰，并不辞辛苦在陈叔亮副院长的配合下，为学院收藏了大量明清家具，供师生教学研究。现在是清华大学博物馆镇馆之宝。

在校期间，我学习了大量专业设计课程，印象最深的是大四下学期室内外综合设计课和五年级上学期的苏州园林考察、实测课。综合设计课指导教师是潘昌侯、梁世英先生，奚先生也常来指导室内设计和效果图绘制。综合设计课我选择了中山公园水榭小型展览馆建筑，室外环境及展览设计，作业完成后被选刊于《建筑学报》。至今，

环艺系还保存有一张平面设计草图。奚先生亲自带队、指导苏州园林考察、实测课，并请华东工学院刘敦桢教授讲课。当时同学们所做的测绘图很有层次和新意，表达出对苏州园林艺术成就的深刻理解，被华东工学院留为教材。

1981 年，奚先生希望我回校工作，约我长谈一次，谈到新的专业思想，他说，过去的专业实践是室内室外相连的，苏州园林厅堂通过连廊、透窗借景把室内外融为一体，我们的专业课没有局限在室内，也做过园林、庭院和街区的设计。因此，专业名称从"室内装饰"到"室内设计"是个进步，但还不能概括专业全部内涵。他强调，过去我们的设计和教学实践涉及人居环境的广泛领域，室内设计只是其中一部分，称为环境艺术是科学的。现在接踵而来的设计任务也说明，这是社会发展的需要。1982 年，奚先生在授课时公开阐明："用发展的眼光看，我主张从现在起，我们的专业就应该着手准备向环境艺术方向发展。"他还表明，"理想和抱负就要求这个对国家建设有用的室内设计专业，向包括多学科的环境艺术方向发展"。他抱病和诸多相关人士探讨，利用社会力量组建中国环境艺术开拓中心和中国环境艺术学院，并撰写草案。为此，我还陪同奚先生拜访北京装饰协会主任李秀（原建委副主任）寻求支持。当时，这些设想和草案基本上得到有关部门的赞助并进行了基地勘定，后因时机尚不成熟而搁浅。

1983 年我担任了室内设计系主任，为了适应社

会需要，更好地促进教学和实践相结合，探讨向有序管理的制度化发展，在学校领导和奚先生的指导下，总结近 20 年实践和教学经验，阐明本专业是建筑领域艺术和科学技术相结合的学科，是改革开放后社会急需的专业，向国家计委和建设部设计司申请资质证书，1984 年获得国家001 号甲级设计资质证书和工商营业执照，正式成立全国第一家集科研、设计、施工为一体，教学与实践相结合的环境艺术研究所设计，奚先生被任命为所长兼总设计师。奚先生一方面领导全所承接国家重要工程项目，培养研究生、进修生；另一方面外引众多边缘学科切入学校，促进各设计专业之间的渗透，完善发展环境艺术专业。同时，设想实现系、所合作，青年教师在教学岗位和设计实践岗位之间定期轮换，进一步提高教学与实践相结合的水平。而今，以环艺所为基础发展起来的清尚公司，不仅在建筑装修、陈设艺术上有很大发展，并早已成立建筑设计院，业务扩展到人居环境的方方面面；环境艺术设计学科也已经得到相关部门认定，奚先生的理想基本得到实现。综上所述，奚先生的专业发展观符合客观规律，把专业推向了新的高度，为后人的专业实践开路，为国家做出了杰出的贡献。

奚先生重视专业设计实践，留下了丰富的经典作品。从中南海、玉泉山中央领导人住宅、建国10 周年的北京十大建筑、上海中苏友好大厦、毛主席纪念堂到国家重要的外事接待宾馆，完成

了国家 20 多个重要项目的建筑装修和室内设计项目。近年人民大会堂进行局部维修改造，制定出新的设计方案，经过专家评议，一致认为，奚先生的设计体现了时代艺术风格和成就，是一个时代经典，可以维修见新，但应保持原貌，得到国家有关管理方面的赞同。

奚先生的贡献还在于在深入研究传统文化和现代文化的基础上，在广泛设计实践中不断总结经验，从而提出一系列设计理论。大量讲稿先后发表在《新观察》《人民日报》《建筑学报》《工艺美术文选》和中央工艺美术学院院刊《装饰》上。他的著述拓宽了艺术设计的知识面，为研究中国现代设计史提供了可信赖的史料。他的文章切中时弊、阐述真谛，普及建筑文化特别是现代室内设计文化，受到业内人士的欢迎，是学生理论联系实际的好教材。

奚先生对中国传统艺术——从彩陶、青铜文化到明清建筑、家具各高峰时期的艺术成就和特点都有深刻的研究，对国外各历史时期及当代艺术流派都有研究，对专业设计相关的科学技术、材料工艺和人的心理、生理、生活方式的不断发展也有更具研究，但他对中国书画的研究和造诣却鲜为人知。他自幼喜爱中国书画，中年不辍悉心研究，晚年时常晨起挥笔。他认为，中国书画对室内设计有潜移默化的影响，与专业修养是相辅相成。他的书画下笔苍劲，因为谙知空间和环境，达到独出心裁的境界。1983 年，他请著名画家

许麟庐先生为北京第四招待所大厅画一幅白梅图，他们一起研究大厅的空间尺度、视距和构图取势。画幅将完成时，他建议把其中两支梅花再向外延伸一些。许先生改后，情不自禁大声喝彩："好，奚公才是大家！"

奚先生治学严谨，对学生要求严格，对项目设计装修、陈设中风格定位统一协调问题、形体空间的结合问题、比例尺度的把握问题、色彩质感的搭配问题等都推敲入微。他常说，研究环境艺术不只靠文字、图片，更要依据实物、实景，从不同的空间、环境、角度中审视功能的科学性和艺术美感；要领会"增一分则太长，减一分则太短"与"加一则嫌多余，减一则嫌不足"的奥妙；他常说艺术设计"简繁之间难取舍，然而取舍之妙，在于宁简勿繁"。在这些富有哲理的美学法则指导下，他的作品不论整体、局部、造形、色彩，都堪称完美！

改革开放以后，国务院成立了建筑装饰领导小组，奚小彭先生作为该组专家之一，参与方针政策研究。看到中国一些大工程被国外垄断，不仅外汇流失，而且不利于弘扬中国文化，他以强烈的民族自尊心和责任心，力主中国专业组织和行业投入国际竞争。他对上争取国家支持，对下鼓励同事的信心、热情，终于在 1984 年，以他为总顾问组成中央工艺美术学院、北京市建筑设计院联合设计组，赴香港考察并制定中国国际贸易中心中国大饭店室内设计国际竞赛方案。这是中国第一个国际高水准的五星级大饭店，有英、美、法等八个国家和地区的设计强手参与室内设计角逐。联合设计组和英国达尔斯顿设计公司合作取得了胜利，获得该项目部分室内设计权和装饰品

加工委托。这次成功鼓舞了院校师生乃至我国室内设计界，不畏国际强手，敢于竞争，为中国现代环境艺术设计跻身国际水平而奋斗。这一时期，室内设计系老师先后赴德国、英国、意大利、澳大利亚等国家承担设计项目，开拓了眼界，得到了锻炼，不仅有益于提高教学质量，也扩大了学校的影响。

奚先生考虑问题和处理事情以大局为重，刚直不阿、敢于担当。随着城市建设的快速发展，环境艺术设计或称室内设计逐渐形成为独立的专业和行业，并成就一批专业设计力量。为了促进专业和行业更好地发展，建设部门和轻工部门几乎同时考虑组织成立室内设计学会，因为中央工艺美术学院是轻工业部所属，责成我和奚先生在室内装饰协会下成立筹备组，业内对此产生不同看法。我和奚先生认为，这是建筑领域的专业，成立学术组织隶属建筑学会顺理成章。但是这和所属上级单位是矛盾的，如何处理是个难题。最后，从理顺专业领域有利于国家发展的角度考虑，我们建议室内装饰协会放弃成立室内设计学会的设想，常沙娜院长支持这个建议，轻工业部也予以理解，改派我参与在建筑学会下筹备成立室内建筑师学会（后改名为室内设计分会）的工作。室内建筑师学会成立大会上，戴念慈先生和奚先生被推举为名誉会长。

奚先生在艺术历程中始终笃行中外古今取其精华、兼收并蓄、融汇创新，他独特的艺术成就，以充分的社会功能性、科学性和时代之美展现在世人面前，深得业内及社会各阶层的肯定和赞扬。他诲人不倦，桃李满天下，我们永远怀念这位杰出的宗师，永以为楷模。**（本文作者为清华大学美术学院教授、中国建筑学会室内设计分会资深顾问）**

EW TECHNOLOGY TO RETROFIT ELEVATORS IN OLD APARTMENTS TO SOLVE THE PROBLEMS FACING SENIOR RESIDENTS

老楼加装电梯新技术，解居家养老之困

采用业主自愿、免费安装、有偿使用的新模式，实现电梯管理向电梯运营转变，获得老楼房屋升值、租金上涨、业主得实惠的效果，真正实现政府、居民、运营商三方满意。

文 郑宏安

表 1 老楼加装电梯新技术方案优势

对比项目	国内常规技术方案	本技术方案（ARES）	本方案优势
技术先进性	国内普通住宅梯方案	西班牙成熟改造方案	在国内申请了九项技术专利
建筑依赖性	高	低	建筑适用性强，无需过多改造，对建筑影响小，且居民无需搬迁，不扰民、不遮挡
施工周期	90 天	30 天	模块化安装，可缩短 2/3 的施工工期
改造成本	80 ～ 100 万元	60 万元	土建要求低，可节约一半的改造成本
紧急操作功能	选配	自带	具备断电紧急运行
消防疏散功能	无	有	提高消防等级，满足消防要求
安全监控功能	无	有	电梯内外及公共区域监控信息可与公安局联网

目前，老人多、老楼多是城市老旧小区的普遍特点，老人上下楼难是制约城市居家养老最大的痛点。据有关数据统计，北京市老住宅楼在 8 万栋左右，单元 25 万个左右，涉及 400 万户家庭。北京城区老楼住户人口老龄化程度趋高，居家养老人群对乘坐电梯上下楼的需求趋于刚性。

北京城区严控建筑高度，老楼大规模拆建可能性较小，只有通过改造一条路，老楼加装电梯成为社区开展居家养老服务的重要基础之一。近年来，政府推出不少老楼加装电梯优惠政策，2016 年初北京市民政局确定 100 个老旧住宅楼单元开展安装电梯的试点工作，优惠政策有力地促进了老楼加装电梯工作的推进。

以往老楼加装电梯工作难以推进，主要在于三个原因：共识难、投资大、手续多。一部电梯的价格数十万至上百万元，巨额投资谁出？老楼居民经济条件有限，制约增设电梯意愿；产权形式各异，存在历史包袱，意见难统一；低层居民因不受益还有遮光、噪声等影响而反对；手续复杂，周期长，完成难度大，因此居民难以达成共识。

01　　　　　　02　　　　　　03

受老楼既有条件限制，传统电梯技术在解决老楼加装电梯方面存在诸多问题和困难：传统电梯基坑深，与老旧建筑物管道埋设存在交叉；传统电梯井道大，造成相邻建筑物遮挡问题；传统电梯占地多，消防疏散通道条件受限；改造成本高、施工周期长，加重扰民问题。

全国老龄办机关服务中心发起设立的北京华龄安康养老服务机构一直高度关注居家与社区养老，致力于养老服务平台建设，通过模式创新和相关实践，探索符合我国国情的居家养老模式，致力于为广大老年群体提供优质的养老生活辅助服务。针对居家养老人群的痛点，华龄安康正在逐步推广以下服务：居家养老赡养平台服务，社区文化活动服务，独居老人看护系统服务，老年慢病管理服务，老人就医陪诊服务，老楼加装电梯乘梯服务，老年家庭宽带服务。目前已进入北京市海淀、东城、西城及朝阳区的多个街道、社区开展养老服务项目的试点和推广工作，受到社区居民广泛欢迎，也得到相关街道和社区领导的肯定。

华龄安康养老电梯采用新技术和新模式，有效降低老楼加装电梯门槛，为广大居民，特别是居家养老人群带来福音。引进欧洲老楼加装电梯成熟技术，采用成熟的西班牙旧楼改造方案，加装电梯投资少，居民支出费用低；全天候室外电梯方案，避免建筑遮挡、不遮光，施工周期短、噪声低、不影响日常生活，尽量降低扰民程度；符合国家现有法律、法规要求，首层满足消防疏散，其余层保留消防窗，满足排烟要求。

采用业主自愿、免费安装、有偿使用的新模式，居民自愿报名加装电梯，公司投资建设并负责加装电梯工程及运营，居民付费使用。不使用，不付费。实现电梯管理向电梯运营转变，做到有人建、有人用、有人管，让老年人用得起、用得好。不但有效降低居民使用电梯成本，让老人出行不再难，居家养老更有保证，而且获得老楼房屋升值、租金上涨、业主得实惠的效果，真正实现政府、居民、运营商三方满意。（**本文作者为北京华龄安康控股有限责任公司总经理**）

01
老楼现状
02
西班牙类似改造案例
03
本方案改造后效果

THE MOST BEAUTIFUL BREATH IN THE WORLD

世间最美的呼吸

一旦树木死亡、腐败，曾经贮存的二氧化碳就会统统释放回大气中。所以，看起来"短视"的采伐行为，如果在科学的指导下，不仅可以凝固木材的美、留住树木拼尽一生贮存的碳，还有助于森林的延续和扩大。

01

文 王众

呼吸，于动物来说是吐故纳新，于大多数植物来说却恰恰相反，尤其是高大的树木，一直在默默无闻地吸收着二氧化碳，并贮存起来，形成碳汇，直到寿终正寝的那一天。当一株树木自然死亡，倒下、枯萎的时候，逝去的生命力再也锁不住二氧化碳，只得慢慢将它们交还给大气。故而美国阔叶木外销委员会（AHEC）行政总监麦克·斯诺（Michael Snow）先生在第二十二届美国阔叶木外销委员会东南亚及大中华区年会中表示："对木材最聪明的感恩是科学采伐，通过各种各样的木制品留下它们的芳华，也留下碳汇。"

斯诺先生提到的科学采伐是其中的关键。他多次强调："以美国为例，2000——2010年，木材每年在温带和寒带森林的储量增加了12.9亿立方米。"目前，全球接近50%的森林立木蓄积量的增长来自美国，根据联合国粮农组织森林资源评估报告，2000—2010年间，美国森林覆盖量每年增加6.1亿立方米；而中国和俄罗斯分别增加2.34亿和1.25亿立方米。

美国森林资源丰富的秘诀之一就是科学采伐，比如优先砍伐树冠较大的成年大树，让低矮的小树有充足的光照的利于生长；尽可能保证森林多样性等，遵循自然规律管理自然。美国阔叶木外销委员会主席布拉姆利奇（Dave Bramlage）就是一位林场主，他表示，过去30多年里自家的林地采伐了三次，每一次采伐后，都会发现树木增长得更多，质量也更好。

斯诺先生还表示，自然死亡的树木对于树木增长和碳汇都是不利的。因为一颗树自然死亡，意味着它在树冠较大的岁月里剥夺了其树冠阴影下树木的生命力，而且一旦树木死亡、腐败，曾经贮存的二氧化碳就会统统释放回大气中。

所以，看起来"短视"的采伐行为，如果在科学的指导下，不仅可以凝固木材的美、留住树木拼尽一生贮存的碳，还有助于森林的延续和扩大。

不过，即便美国林场主在执行多年的科学管理原则之下，不会舍不得砍树，他们仍然因为最严格的规则而采伐不足，以至于"放碳归大气"——这就是市场的供需调控。尽管是全球最大的阔叶木出口国，而且阔叶木的销量在近几年屡创新高，需求

02   03

量还是赶不上树木自然死亡的数量。去年，在死亡前来不及采伐的树木，向大气中释放了 1.6 亿吨二氧化碳。

于是，在今年的年会期间，斯诺先生尤其致力于推广木质建筑，这将比传统的木质内饰和家具产业更快地提高木材使用量。不仅如此，建筑能耗本来就是一大节能难题。住建部有关负责人指出，2000 年年末，中国建筑年消耗商品能源占全社会终端能耗总量的 27.6%，而建筑用能的增加对全国的温室气体排放"贡献率"已达 25%。

成立于 1936 年的美国 Skidmore, Owings and Merrill 建筑设计事务所（SOM），是世界顶级设计事务所之一。从中国第一座傲视亚洲的摩天大楼上海金茂大厦到入选吉尼斯世界纪录世界最高建筑物的哈利法塔，均出自 SOM 事务所之手。这些摩天大楼在傲视城池的同时，也索取了过多的能源。SOM 中国区总监周学望（Silas Chiow）先生更是直言："建造和使用建筑直接间接消耗的能源占社会总能耗的 50% 还多。"

如果将钢筋混凝土换成木材，则可以替致力于降低能耗的建筑设计师们解决不少麻烦。根据 AHEC 的数据，当 1 立方米的混凝土被 1 立方米的木材代替时，可以减少 1 吨的二氧化碳排放。

更重要的是，随着技术的创新，热处理木材（TMT）和交叉复合木材（CLT）的出现，让高层木质建筑的可行性越来越高。周先生更是热情解释道：木材比钢材、混凝土等拥有更优越的弹性，所以在大风和地震中更可能保全；至于火，得益于技术发展，经过了防火剂处理的木材，遇火表面碳化能保护建筑结构在火灾一定时间内的完整性。

在日本，已经有 7 层的木质建筑物通过了地震测试。当前，全球最高的全木结构建筑是加拿大英属哥伦比亚大学新落成的学生公寓 Brock Commons，高达 18 层，今年 9 月已迎接 400 多名学生入住。同时 SOM 的一份可行性研究显示，木质建筑可高达 42 层。

在节能减排任重道远的今天，木材与绿色建筑、绿色家居之间的关系，已经不只是安全与自然，更重要的是，科学利用木材的过程就是在节能减排，而木材本身就是优雅的碳库。（**本文作者为自由撰稿人**）

RECORDS FROM NOMINEES OF THE 2017 INFLUENTIAL CHINA INTERIOR DESIGNERS 3

2017 年度中国室内设计影响力人物提名巡讲实录 Ⅲ

中国室内设计影响力人物评选是室内设计界最具分量的活动之一，至今已举办三届。2016 年 11 月—2017 年 1 月期间，由 9 位特邀专业评选媒体主编、6 位连续两届影响力人物的获奖者，共同组成评选提名委员会，进行候选人的推荐和评选两个阶段的工作，以计票方式评选出了 2017 年度中国室内设计影响力人物提名设计师 18 位：陈彬、陈厚夫、陈耀光、葛亚曦、韩文强、姜峰、梁建国、陆嵘、赖旭东、赖亚楠、凌宗湧、苏丹、孙华锋、孙建华、沈雷、吴滨、杨邦胜、余平。

4 月 26 日，2017 年度中国室内设计影响力人物提名"诺贝尔瓷抛砖"巡讲活动隆重拉开帷幕，并陆续在全国 10 个城市展开，通过 18 位中国室内设计影响力人物提名设计师的演讲和交流，与全国的设计师共同深入探讨中国室内的当下与未来。

演讲人：孙建华
演讲题目：行吟·设计
演讲地点：深圳

01

当代著名艺术家徐累的作品以一种独特的方式进入到我的记忆中，多年来一直挥之不去。为什么一个艺术家的作品能跨越十几年，哪怕只是擦肩而过，却能够给我带来如此深刻的记忆呢？

徐累是一位独特的非主流的艺术家，他最早是学国画的，后来又用一种新的国际化的语言做创作，他的作品既是东方的，又非常国际化。他的作品连接着未来与过去，用一种梦幻的、戏剧化的语言在解说和表现一个文化体系中的个人视野。

"皱、漏、瘦、透"，是传统美学上对太湖石的审美标准。在徐累的作品中，对于太湖石的表达方式跟传统完全不一样，给我留下了深刻的印象。2016 年米兰展，我做了一个家具作品《承》，我用漆画的形式，把我对太湖石的印象做到这个家具的面上。而在家具的轮廓造形上，我从极大的宇宙与当下的生活中寻找大小极差的感觉，经过圆心的弧度和两个通过圆心的放射状直线，去做一个基础型的体量。

01 ～ 02
安溪悦泉行馆
03
深圳东部华侨城
大瀑布酒店

人与空间

空间与人之间是一个互相打磨的过程，就像太湖石，既是自然的造化，同时也是被匠人选中之后，经过人工雕琢之后再放回到太湖里，经过岁月和水流的冲洗才生成的，是大自然的创造和人的打磨融合才成就了太湖石。看一个空间，我会从人与空间的关系，去解读我们是如何对一个空间、对一个建筑施加影响的。

不变之变

设计不是一件追赶时髦的事情，我也不认为设计要坚守某种程式化的传统或风格。每一个空间所处的地理、文化，承载的功能与信息，建造的目的如此不同，因此，设计要做的正是寻找差异，并作应答。我喜欢一句话："世界上唯一不变的是变。"

我个人不赞成一种固定的风格一直存在于任何项目中。因为我觉得一个好的项目应该是要跟基地之间产生契合关系，就像刚才前面我们所说的人和空间、人和物之间，都是互相影响和打磨的。

我在安溪·悦泉行馆项目中，除了利用安溪当地的闽南建筑元素，更多是从空间建筑中的尺度和关系去思考设计，以更好地提高与周边环境建筑的契合度。虽然整个项目的规模不大，但是进去之后会有两个错觉，一个是觉得整个区域非常大。第二个错觉是进入每一个建筑的室内和院子之后也觉得很大。

深圳东部华侨城的大瀑布酒店，里面的空间没有完整性，比较零碎，空间里又有太多高度高差的变化，有些空间还很长。在这么一个空间里，如果用常规的手法去做设计，会跳不过空间原有问题带给设计的障碍，所以我用"水"的概念去做设计。水流可以穿越很多不规则的孔洞，最后把各个空间连在一起。

福州明谷行馆是一座温泉的行馆，项目位于喧嚣嘈杂的福州市区中心。我们在做室内设计的同时，也对建筑整个外部空间进行了重新规划，打造了一个有流水墙和竹林的折角动线，把人一步步引入室内空间。沿这条路径行走大约四五分钟，白天的工作和周边的嘈杂，瞬间就远离了你。所谓的"谷"，一个是空间上的谷，另一方面是心灵上的，我们希望创造与周边区隔且具有"月至朦胧，日至荫郁"这两种不同类型的空间调性。

我们的理念是在一定尺度的空间之内创造一些层次感，创造一个从外到内的、一点一个层次的散点式的空间，就像中国山水画一般。

02

03

设计与传承

建筑是有生命的，城市是有生命的，同时设计也有 DNA。看看那些古今中外的艺术家、设计师，也许你会觉得他们没有任何关系，但当你对他们的作品深入研究之后，就可以发现影响他们创作思维体系的因素是有一些必然的传承和联系的。

"日本主义"是在艺术史上曾经出现的一个名词，是 19 世纪中叶在欧洲掀起的一种和风热潮。"日本主义"出现的背景是 19 世纪中叶，西方列强侵略长期实施锁国政策的日本，

日本的美术作品也随之大量传入西方世界。浮世绘及琳派这类画作的用色、线条、明暗、布局很快吸引了西方画家的目光，尤其受到印象派画家的欣赏。

多年前，我去莫奈故居——莫奈花园，惊异地看到很多日本浮世绘和瓷器。当时，西方很多艺术家，包括莫奈、马蒂斯、毕加索，都非常深入地研究了东方的抽象艺术，并在生活中演绎了东方文化。密斯·凡·德罗曾花费大量的精力研究日本的木构建筑和日本和室。我在京都的庭院、和室里找到了很多现代主义建筑师寻访的足迹。从源头上说，日本的木构建筑体系来源于中国唐宋时期的建筑，但经过发展，日本建

01　02

筑形成自己的一套结构手法、空间尺度体系、庭院与室内外的关系，这些完全是一个新的体系。

西方建筑是雕塑化的建筑，东方建筑则是构建化的建筑，由一个个构件通过榫卯结构连接起来。很多西方艺术家、建筑师、设计师的作品里都能找到东方的气质，他们作品里的呼应，让你觉得从艺术绘画到建筑、家具、器物……一切都是非常自然而有机的传承。

01 ~ 02
福州明谷行馆
03
大连达沃斯国际会议
中心大会议室

变换、流动、渗透、多义

跟以往永恒的、经典的、固定的、优雅的建筑不一样，变换、流动、渗透、多义性这几个关键词，将更加成为未来建筑空间共性的可能。

无论每个设计师的设计风格如何，无论各个国家和地区文化如何，无论每个项目的功能和目的如何，但是一个时代总有一些必然性的共性在内部起着最终的影响和作用。

对现在的我来说，生活、旅行、设计这三件事情其实就像一件事情，因为我觉得设计其实就是不断思考、不断成熟成长的过程，设计就是一次旅行，生命本身也是一次长长的旅行。

演讲人：姜峰
演讲题目：无为而治
演讲地点：深圳

J&A 杰恩设计是国内第一家登陆 A 股的室内设计企业，是目前亚洲最大的室内设计公司之一，主要经营商业综合体、轨交综合体、医养综合体三大设计领域，是一家纯设计公司。2017 年美国 Top 100 Giants Research 的排行榜中，J&A 杰恩设计综合排名 42 位，我们的目标是进入 Top10。但值得一提的是，我们的商业设计在全球排名第 9，也是唯一入选十强的中国室内设计公司。

What？我们做了什么样的项目？

我们的项目作品涵盖购物中心、酒店会所、办公空间、医疗养老、公共建筑、轨道交通等多种类别。

购物中心代表项目：深圳星河时代 COCO Park，获得了 2015 国际地产大奖商业室内设计五星最高奖；武汉摩尔城改造项目，获得了 2016 MAPIC 最佳改造购物中心奖；深圳观澜湖新城是一站式休闲购物广场，项目获得了 2017 第七届中国国际空间大奖赛的金奖。

酒店会所代表项目：上海浦东文华东方酒店荣获了国际设计酒店奖、亚太区室内设计大赛酒店设计奖、竹美奖、世界酒店·五洲钻石奖等多个奖项；山东潍坊铂尔曼酒店获得 2015CIDA 中国室内设计大奖；长沙德思勤 121 当代艺术中心运用天鹅湖音乐主题设计，获得了 2015 BEST100 中国最佳设计奖。

总部办公代表项目：深圳平安金融中心，上海鲁能国际中心，成都银泰中心，J&A 杰恩设计深圳总部。

公共建筑代表项目：大连达沃斯国际会议中心和蓝天组合作，获得了 2013 APIDA 亚太室内设计大奖；深圳当代艺术馆和规划展览馆，是与蓝天组合作，使用新技术软件设计的经典项目。

轨道交通代表项目：深圳地铁 11 号线被称为 VIP 线，列车的编组、时速、车厢的舒适度和装饰设计，在国内都处于比较领先的地位；深圳地铁 7 号线将文化艺术引入了地下空间，乘坐地铁的同时能够感受到城市的文化氛围。

03

01　02

另外，我们还大力投入医疗养老业务。中国正面临人口老龄化的问题，需要室内设计师们共同参与和解决。

Why？我们为什么有这样的发展？

J&A 杰恩设计的战略分为两个部分：一部分是发展战略；另一部分是竞争战略。其中，发展战略是"国际高度·中国深度"。

让中国室内设计与国际最高设计理念接轨，这是我们的一个目标。2013 年，我们在香港成立 JATO 的子公司，利用香港的国际化平台吸引更多国际知名设计师来引领"国际高度"的方向，打造跟国际接轨的设计作品。米兰是我们走向国际著名设计的平台，2015 年和 2016 年，作品《聚·离》和《素月》在米兰展览；2017 年，我们为意大利顶级品牌 Turri 做了"烁"系列的一套餐厅家具设计，并在意大利米兰家具展主展场展出。在某种程度上，这是我们中国设计走向世界的重要一步。

在发展战略上，我们还积极探索室内设计和互联网的融合，自主研发了 SOHO Vita 互联网交互平台。这个平台有几百名国外设计师，形成长期的互动合作，集合全世界优秀的创意，这是室内设计行业与当下互联网结合的一种尝试。

"中国深度"，主要是通过以下几个方面提高企业竞争力：第一，广泛地深入中国市场。在全国核心区域，我们有 6 个分支机构，能够非常有深度、细致地为客户提供服务。第二，建立 PMP 项目管理制度。这是一个国际上非常前端的项目管理系统，范围、时间、质量、成本是其核心要素。第三，构建生态化的价值链，多业态地布局综合体设计。我们的业态基本涵盖了城市综合体的各个板块，业务板块包括建筑设计、室内设计、机电设计、灯光设计、平面设计、智能化设计和软装设计，提供跨专业的全套解决方案，为客户提供更加细致周到的服务。

公司运营包括项目制、信息化和研发创新。项目制提出的理念是小团队、大平台，包括业务平台、职能平台和区域公司，以满足客户需求为中心，提供平台化的服务。

我们一直非常重视设计与科技的结合，创建公司的数据平台，自行研发了一个设计企业项目协同管理云平台——ECMC。我们所有的工作都在这个云平台上进行，无论你在地球的哪个地方，只要有 wifi 或者 4G，只要我们给你一个 ID，你都可以上去工作，而且是跟你的团队一起工作。

03　04

ECMC 的管理通过项目策划、设计输入、协同设计、设计输出、设计确认和设计交互这一套系统完成，所以整个设计工作都是在我们可控的状态。有了这套数据，我们非常清楚地知道我们的公司是在什么状态下运行，怎么样能够提升效益。

我们的信息化平台包括营销、运营、协同、财务、人资、客户的管理等，把它们集中在一起构成了整个信息化的网络。

另外就是企业的责任，包括社会责任和行业责任。我们的社会责任就是做最好的设计。什么是最好的设计？我们把它理解为四个部分：一是未来，我们完成一个城市综合体设计至少三年甚至更长时间，必须要有超前的思想和理念，与未来的社会环境和审美结合；二是理想，把满足客户需求和实现自己的价值结合起来，用我们的专业水准帮助业主实现理想的同时实现设计师的理想；三是用设计提升商业价值，通过设计改善原有空间的不足，为客户创造更大的价值；四是完美，把功能、艺术和科技、技术结合，实现共同的完美。

我们的行业责任就是推动中国设计的发展，我参与成立"创基金"，希望用微薄之力推动中国设计教育；两年前，我们开设了自己的学院，不断地培养设计人才，为员工们提供更多机会去学习、锻炼和提升。

无为而治

"无为而治"，是说一个企业发展到一定程度之后，已经不能完全靠人去管理，因为人的不确定性是最大的。企业的发展需要一个恒定、持续的系统，只有把企业做得更加规范、更加持久，才能做大做强，才能跻身国际顶级设计企业队伍中。

企业的发展不能完全靠人为干预，要靠系统、靠体系、靠运营。"无为而治"的落脚点是"为"。所谓"为"，就是人为，以人管理人。无为呢，就是超越传统的人为管理模式，借用一套精准化的管理体系，让员工可以更多地自治自为。因此，只有"无为而治"才能真正地做到企业运营的规范化。

经常有媒体问我，J&A 杰恩设计上市的主要原因是什么？我给他们的回答有三个方面：第一，发展；第二，规范；第三，品牌。这三个方面使 J&A 从小到大，从弱到强，走到今天能够成为中国室内设计的第一品牌。

相信未来在座的各位一定会有更多的成功者，会有更多的设计师朋友把企业做大做强，让深圳这个设计之都真正成为名副其实的国际设计时尚中心，让深圳的设计企业能够更多地引领全国甚至引领全世界。到那个时候进入到资本市场，对于我们在座的各位来说是应该一件唾手可得的事情。

演讲人：凌宗湧

演讲题目：空间里的自然密码

演讲地点：重庆

自古以来，人是大自然的一部分。我们在大自然里面看得见美，大自然的材料跟我们最接近。在都市环境里成长的人，对大自然的渴望越来越多。我们希望能够引自然中的绿意活力进入生活空间，运用植物创造出贴近自然的生活美学。

我做花艺设计，首先是找原材料，再思考做什么；而不是去手机电脑上寻求我想要做什么，再去找材料。先到大自然中去体验，找到想要的材料，再去思考要做的作品，那一定会是非常独特的作品。

12 年前开始做的杭州富春山居酒店，是一个比利时建筑师在中国完成的第一个东方风格的建筑。当我被安排在这个空间里做花艺设计时，我的想法是去山里寻找材料，那时的杭州到处都是竹子和桃花。它们本身很漂亮，我何必扭曲这些材料，让别人去误解呢？所以，我非常直接地将自然中看到的竹子、桃花的画面呈现在这个空间里。虽然花艺作品很大，但并没有扮演抢镜的角色，只是自然而然发生在这个空间里。

12 年了，我依然在富春山居这个空间中做花艺装置。在重复使用竹子、桃花这些材料时，我思考，能不能做出不同的装饰特点，得到不一样的体验。于是用莲藕、荷花，葫芦、葡萄等创作花艺作品，使之成为表达我心中的美的画面。

花艺不只是一堂艺术课，不只是增添美的装饰；花艺是有生命的，一个空间中唯一可以留下生命的装饰就是花艺。花艺不只是一个装饰的工具，而且是打动人、让人身处其中产生感动的元素。

杭州阿曼法云酒店的花艺装置，既可以用漂亮的材料，也可以用枯叶，不管是光鲜亮丽，还是落叶枯黄都是属于大自然的独一无二的美。在这里打造了一场独一无二的婚礼，只使用当时五月才有的牡丹这一种材料。这样每到五月牡丹花开时，新人就会记起结婚纪念日到了，这也体现出一种材料的大气和对美的自信。

01   02

03　04　　　　　　　　　05

当我走进北京诺金酒店，感觉所有东西都已具备，只是缺少一些生命的灵动。我尽可能在空间中找到另外一个可以让人重新认识的东方状态，把大自然放进去，但并不阻碍突出其他元素。哪怕只要一点点花草点缀，不需要到处都是，也会体现强大的生命力。

哈尔滨的敖麓谷雅酒店业主因为喜欢我在杭州的作品，请我为他设计。但是北方的冬天怎样能够找到惯用的南方花材？我希望让江南的人喜欢哈尔滨，而不是在东北复制一个江南的酒店，用这种方式说服业主，我从大兴安岭寻求灵感和材料创作花艺。

景观园艺里藏着与大自然共存的生命密码

花艺在空间里面到底扮演什么角色？除了画龙点睛以外，还可以让空间充满灵动感。除了室内空间，花艺还可以用在庭院景观中。大自然的美是不需要被修饰的，做出来的景观不应该像高尔夫球场和公园里的绿化。在一个建筑空间，可以用大自然中的绿化去装饰，表达新的可能性。空间中根本不用花朵，只使用苔藓这种简单的材料，就会让空间具有装饰性和艺术性，充满灵动感。

我一直希望庭院里有春、夏、秋、冬四季，我喜欢万物丛生的样子，喜欢跟随季节更迭，融入植物纯然的姿态，感受每一刻复甦与变化。我在设计庭院时会让庭院的植物成为未来花艺可以利用的材料。阳朔的阿丽拉酒店处于世界级的喀斯特地貌景观中，当空间和建筑处于如此有个性的大自然里，还需要其他更人工的手法表达美吗？

这个喀斯特地貌的花园里，没有名贵花草，而是野地、农田里的植物生长其中，美就是那里真实的景色画面。

美是真实的从心而生的，而不是复制别人的。我的题材几乎没有被任何环境所限制，是独一无二的。我不追求被人工装饰过的材料，不会花很多钱，购买进口花材。

人、植物与空间里泛起的美好关系

一些设计师在台北齐聚一堂，做了一件非常有意思的事——用大自然的材料打造一部森林公共汽车。我们想要标榜的是大自然绝对可以改变所谓的生活空间，我们一起创造了一个因大自然而重新跳动、让设计进入生活的案例。身为设计师应该认真思考：你的设计是商业项目，还是要真实地进入大众的生活。

跟着花开去旅行，走进各国的自然教室

进入大自然中，我才能明确地告诉自己：当你看到日本的樱花很美、欧洲的熏衣草最漂亮的时候，也不要怀疑你拥有的竹子。大自然并没有争先恐后，只有自己独一无二的原貌。我们去了印度，印度的生活很美，印度的市场很美，我们去花市真实地体验印度的美。

当你发现，原来所有的美来自世界各地，美就不再是你心中的中式或西式。美没有界限，美可以跟着你无限地去创造，无限地去发声。美不应该被地域所限制，所谓的东方美学不只在禅意的空间中表达。如果心中有美，就不会有风格的限制。

01
北京诺金酒店
02~04
杭州安缦法云
05
杭州富春山居

演讲人：陆嵘
演讲题目：拈花一笑，聊一聊湾里那些客栈的设计
演讲地点：武汉

01

从 2014 年开始到现在，我一直在做的一个项目，名叫灵山小镇拈花湾，位于无锡灵山大佛梵宫下面的一片湾区。拈花湾的名字来自"拈花微笑"的禅宗典故，业主想打造一个禅意生活小镇。拈花客栈散落在整个灵山小镇拈花湾的街区中，并且和商业交错在一起。

整个小镇建筑面积达 30 多万平方米，包括不同类别的项目，有可售物业、拈花客栈、禅岛酒店、会议酒店、渔村酒店等。其中最大的是拈花客栈项目，分两期，第一期已经在 2015 年开业，目前正在进行的是第二期，可能会延续到明年。

项目的室内设计部分都由我们负责，从设计、材料购置到实施，甚至到艺术品陈设，在整个设计过程中，我们也收获很多。

如何解决有关投资回报的问题

灵山小镇拈花湾首批运营客栈的市场定位规划中，有近 900 间的客房，业主还希望打造 41 家不同的客栈，这些客栈主要为禅意客栈和特色客栈两大类型。客栈的目标客户包括背包族客群、旅行社团队客群、休闲度假客群、高端文化爱好者客群等。在客栈创意设计时，通过多样性禅意生活方式打造，形成对不同目标客群的主题吸引，客房价格可以通过节假日、周一到周四不同时间段的调节，实现不同价格层次的需求。

每个项目投资都要考虑回报，当时业主对售价定位做了商业预测，对于装修的标准也给了明确的指示。这些客栈怎么做，才能够真正吸引消费者，这是设计师面临的最大压力，一定要帮助业主去实现他们设定的目标。

如何解决建筑遗留的问题？

我们拿到任务时，整个建筑都已经出图，土建已经施工。错综复杂的建筑问题摆在我们面前，建筑的布局基本上是两个客栈成为一个组团，住客从一个入口进入共享庭院，客房在四周。客栈和沿街零售商业的共享区域非常小，原建筑的功能压根儿就没考虑客人早餐的问题。

我们建议业主，先在 40 多个客栈名字中挑选，合并成 20 个主题客栈。两个客栈合并以后，其中一个门厅可以作为供应早餐和活动的空间。当时的建筑几乎已经完成，面对业主、施工单位、总包各方面的压力以及不可改变的户型布局，对于不同主题客栈的体验和表现，最终就落到如何在视觉和文化角度的区别。

如何打造有特色的禅主题客栈

面对客栈名字和令人茫然的禅意主题，如何用设计表达不同的禅意主题？禅意不立于书，不立于文字，靠人在生活当中思考领悟。每个人对禅都有自己的理解，很多不是语言能说得清楚，甚至无法简单地用一个视觉表达一个概念。但必须通过设计表达禅意，这时候，我们以本能的体悟来做设计，给业主找到安静、简约的意向图片。

作为大景区的业主，有两个愿望：一是人气；二是受到最广泛的消费人群的喜爱，即让老人、小孩、年轻人等各年龄段各阶层的人都喜欢。业主希望游客从灵山景区出来后，专程来拈花湾，住进拈花客栈。

如何打造客流的产品型客栈？必须要用有形的视觉语言去表达文化的主题。我们从客栈的名字入手，希望它们有安静、轻松、随意和田园的素养，有传统中式的格调，每个人在拈花湾里都能找到自己欣赏、能够融入的客栈。最后，提炼出十几种元素、色调、材质和风格等基本视觉语言，通过不同的排列组合打造不同的风格客栈。

如何在第二批客栈设计中改进和突破

第二期拈花客栈项目的设计中，我们首先向业主提出，希望能够在户型上有所突破，在公共空间上有所扩大。一期客栈原本的门厅远远能满足早餐人数的需求，业主希望二期的客栈里设置供小团队使用的小型活动区域，所以二期餐厅的面积比一期大，入口处去掉一间客房作为公共活动区，虽然这损失了一部分营业收入，但可以提高入住体验。业主根据第一期的经验，觉得这样做还是有必要的。

第一期客栈的门厅和餐厅是原本分开的，从降低运营的成本来看，这非常不合理。因此第二期对其中一些房间进行了改动，把主要公共活动区域组合在一起，在功能上有了比较大的变化。

从拈花客栈客户入住评价来说，我们对业主算是有了很好的交代。能得到业主和各方的认可，我们倍感欣慰。

02　　03

演讲人：沈雷
演讲题目：设计——如一次友好的聊天
演讲地点：武汉

关于设计，我想讲一个做了快三年的案例——一个村落的改造。

小时生活的院落，是父亲的父亲的小客栈，江东的房子，位于城东南角占地半亩，平房三间，二层楼三上三下，一厨房，一小院。记得父亲说其名为"鸿利旅馆"，有"财源茂盛达三江"等对联。经营的时光约莫是 20 世纪 30 年代至公私合营之时，奶奶也依靠着民宿的营生养育了七个子女。仍记得那时是以陶器为主题的，或因为祖辈来自宜兴，院中有大小不等的缸，还有可以医治中耳炎的猫耳朵草、假山……直到记事时，仍是我被父亲罚站时发呆凝望的景物，不同的降色，有沁出紫色，有沁出蓝色。雨天时，奶奶会将反罩着的缸盖打开接上天水，用来炊食、泡茶。五六岁时的记忆了，也就和故乡的味道连接在一起。

又想起前几天某杂志做的中国十大民宿评选，米兰的朋友转载，副标题为"中国知道什么是民宿吗？"也就开始思考当下，思考设计师需要思考的问题。

或可以定义如此，设计师设计的用来经营的空间在某种意义上就不能称之为"民宿"，也就是形成实质意义上的设计师的甲乙方关系的都应该归属于"酒店"的范畴。所以酒店与民宿的一线之遥也就在于温度了，而温度在于归属，也就包括业主经营态度，是否需要身份证与信用卡等。

所以也就想起陆游的《游山西村》来。所以，野马岭或是可以称为民宿的，因为是古风的当下，没有甲乙方的乌托邦了。

旅行是最可以让人休息的，我经常觉得设计师太辛苦，也太关注自己的工作。当然可以说因为我们年轻，可以奋进，都是这样过来的。我劝大家年轻的时候要努力，但是不要辛苦，旅行的时候多关注周遭的事物，多关心周边的人。

旅行让你的设计具有更多的可能性，只要你有这样的旅行的机会，你要找一个地方，是可以跟自然接触的，比如说徒步也好、攀岩也好、潜水也好。或许一场电影、一曲音乐、一首诗、一个小的雕塑，或者是感动你的某个画面，都可以变成设计灵感的来源。

01

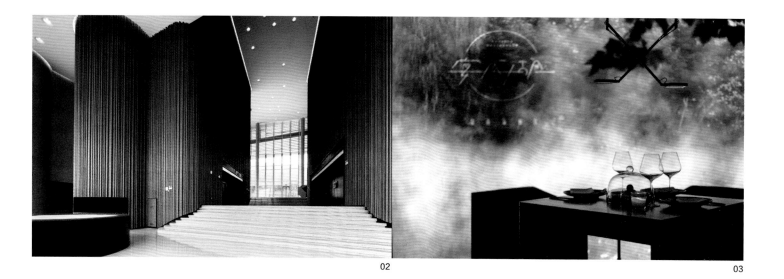

02

03

记得 1988 年的杭州南山路 218 号，男生宿舍是民国时期的木结构两层楼，院中有成年皂角树。春天混合着青春荷尔蒙的青草味道，有种动物园的气息。入住巴瓦的山中传奇遗产酒店 Kandalama，复又回到 30 年前的好时光。远山、湖泊、古树、印度洋的海风混合着满山伺机而动的猕猴，如同可以感觉的前世今生。午间倚窗小梦，梦见《西游记》《泰山》《封神演义》来，好象也见了 Geoffrey Bawa。

一块陡峭的基地上被解构的元素以旋转的风车状重组、整合在一个向上倾斜的屋面下。尽管那些各自不同又互相联系的楼阁组成了围合或半围合的院落，而其中行进的人物却是人猿星球中的模样，从房间里越过水库可以望见锡吉里耶和丹布勒，幽深的长廊从旅馆入口穿过岩石，把两翼客房联系在一起。粗犷裸露的混凝土结构与平屋面，如同基地上长出来的，或又如混沌未分天地乱，茫茫渺渺无人见，自从盘古破鸿蒙，开辟从兹清浊辨。覆载群生仰至仁，发明万物皆成善欲知造化会元功，结构框架还支撑着第二层表皮，为建筑披上一层植被屏幕。

多年前旅行便培养出灵敏的嗅觉，刚开始还是停留在形式的层面，如选择一家餐厅，选择一家酒店，从专业设计师的角度去判断业主的眼光及用心，再置于某地域，再询问满意者可有更好更多的推荐，渐渐也就锻炼出火眼金睛来，最终发现建筑的所有设计语言都可退后，空间的灵性也便是服务提供者，显得更为重要了。而锡兰之旅行程过半，判断的方式也就越发简单，有几点可以与大家分享：看室内灯光的色温，杂乱者，色温越高服务越差；自助餐，提供取食之盘子越小，服务越差。

当人们感受到乐趣，就如同我在设计和建造房屋时所感受的一样，我发觉根本无法用分析的、条条框框的方法来描述其确切步骤，我深信，建筑是无法用言语来解释的。我一直喜欢看建筑，但难得喜欢阅读建筑说明，建筑无法用文字完全解释清楚，必须去体验，巴先生如是说，我也就自认是归于一路的了。

设计中要追求的一点就是，要给别人带来永远难以忘记的感受，甚至奇幻的感觉。建议大家可以去斯里兰卡、非洲或者是哪里，寻找一点奇幻的感觉，也可以试着看看《哈利·波特》《指环王》，让它们给你带来不属于当地的每一天经历的感受。有不同的感受，就有不同的设计。

当你看到美好的事物，你会感动，会把美好的事物传递给所有可以顾及的人，这是设计师的能量。设计可以让人感动的、刺激内心的东西，是没有高低之分的。无论什么设计，关键是如何切中人的内心，去发现人真正喜欢的东西。

有人问，什么样的设计是有价值的。我认为，是那些能够令人发自内心的感动的设计。有一些没有建筑师设计的建筑，那些土著的建筑，少数民族的建筑，那些东西会感动你，或许是你住在里面的时候会回忆起以前生活的样子。

设计师要记住，我们设计的作品不只是为了收取设计费，还要让更多的人感动。当下有很多家装设计师，你会发现，精装修渐渐的少了，家装开始个性设计了，渐渐往好的方向发展。设计每个家就像为自己的家设计，为住在里面的人带来感动。

01
宴西湖餐厅
02
浙江音乐学院
03
宴西湖餐厅

2017 年中国手绘艺术设计大赛 建筑·室内组表现类获奖名单

奖项	参赛者	单位	作品名称
一等奖	周雷、赵晶、崔晓棠	周口师范学院	《神垕古镇瓷片再生计划》
二等奖	苑宏刚、崔思璐	吉林建筑大学	《雪后会所》
	雷志龙	广西师范大学	《Sunny 青年书餐吧设计》
三等奖	赵化	重庆小鲨鱼手绘工作室	《L-2 加油站》
	兰岚	大连艺术学院	《山东潍坊商务综合体建筑景观设计》
	张勇	哈尔滨理工大学	《秦皇岛市青树谣自然教育景观设计方案》

2017 年中国手绘艺术设计大赛 建筑·室内组写生类获奖名单

奖项	参赛者	单位	作品名称
一等奖	张勇	哈尔滨理工大学	《冰雪城市记忆》
二等奖	王炼	江苏建筑职业技术学院	《印象喀什》
	雷志龙	广西师范大学	《7035KM·城景》
三等奖	杨子奇	湖州师范学院	《浙西南民居》
	卢伟	广东农工商职业技术学院	《归乡路》
	王玉龙、田林	四川美术学院 重庆科技学院	《古村黄桷树》

2017 年中国手绘艺术设计大赛 学生组表现类获奖名单

奖项	参赛者	单位	作品名称
一等奖	李佳璇	广东科学技术职业学院	《文化创意产业园空间设计》
	陈勋、朱瑾、黄真	合肥工业大学翡翠湖校区	《一帘徽梦》
二等奖	任强强	安阳工学院	《交流中心餐吧室内空间设计》
	段连华	吉林建筑大学	《长春市游园景观设计》
	李晓涵	鲁迅美术学院建筑艺术设计系城市规划与设计	《小区规划与设计》
	肖潇	鲁迅美术学院	《电影展示空间设计》
三等奖	王齐	天津科技大学艺术设计学院景观工作室	《钢铁工业展览中心概念设计》
	徐杰	南京艺术学院	《【编织】手工艺视角下——乡村木结构度假酒店空间设计》
	丰琳	重庆小鲨鱼手绘工作室；四川美术学院	《马克笔室内表达之 ——家》
	王奇	安阳工学院	《ENSHRINE·HOUSE——室内设计》
	栾孟元	山东建筑大学	《空中实验室软件设计公司设计方案》
	杨思仪	鲁迅美术学院	《生态之钻——盘锦华发新区小区建设》

2017 年中国手绘艺术设计大赛 学生组写生类获奖名单

奖项	参赛者	单位	作品名称
一等奖	刘铭	鲁迅美术学院大连校区	《唐人街·趣》
	肖婕琼	武汉理工大学	《菊径》
二等奖	宋宜靓	重庆交通大学	《法国小镇》
	王利亚	哈尔滨工业大学	《梦·校园记忆》
	岑奋勇	南宁职业技术学院	《消逝中的旧城》
	吴桂霞	广西师范学院师园学院	《风景建筑写生》
三等奖	章昊天	昆明理工大学	《美在云南，美哉大理》
	张辰	天津理工大学	《旅行笔记》
	王辰	哈尔滨市第三中学	《城市记忆》
	孟彦岑、王同宁	南开大学滨海学院	《上里印象》
	郑一鸣	哈尔滨工业大学	《土木记忆》
	郑楮文	哈尔滨理工大学	《韶华·西逝》

奖项	单位	指导老师
最佳导师奖	鲁迅美术学院	赵国斌
	广东科学技术职业学院	乔红娟
	合肥工业大学翡翠湖校区	郑志元
	武汉理工大学	王刚
优秀导师奖	安阳工学院	秦瑞虎
	哈尔滨工业大学	王松华
	广西师范学院师园学院	张少华
	吉林建筑大学	姚成丽
	南宁职业技术学院	罗周斌、甘斌迎
	鲁迅美术学院	周雪
导师奖	哈尔滨理工大学	张勇、蒋博
	昆明理工大学	周峰越
	南京艺术学院	卫东风
	南开大学滨海学院	成琨、侯婷
	山东建筑大学	张啸风
	天津科技大学艺术设计学院	祁素萍
	天津理工大学	刘宇

奖项	单位
组织奖	长春理工大学
	黄淮学院
	湖州师范学院
	惠州学院
	南开大学滨海学院
	辽宁传媒学院

中国手绘艺术设计大赛

2017 年"新人杯"全国大学生室内设计竞赛获奖名单

奖项	设计人	项目名称	单位	指导老师
一等奖	欧幸军、谢国顺、赵白鸳、张松涛、王皓月	家竹风	南华大学	唐果、滕娇、杨喜生
	郝心田、胡栋、杨博浪、黄敬知	开合，无间	华中科技大学建筑与城市规划学院	白舸
二等奖	朱昱璇、周子钦、苏靖媛、吉航、于智宇	A Warm Home	哈尔滨工业大学	李待宾
	张驰	从老年手机到老年住宅	哈尔滨工业大学	王松华、张伟明
	吴梦佳	"看不见的家"——视障人视之家	昆明理工大学	李晶源
	沈令逸、王琳琳、翁伕凡、李苧薇	盲人之家——基于交织行为的盲人家庭室内设计	浙江工业大学建筑工程学院	吕勤智
	钟青、文玉丰、梁臻宏	见需行变——基于可变思维的租房居住空间设计	华中科技大学建筑与城市规划学院	黄建军
	巩俊智、姚婷、孔迪、李海洋	北京折叠	南华大学	滕娇、唐果、陈祖展
	陈艺旋	台湾荣民回归故里——类传统民居功能空间重构	华中科技大学设计学系	白舸
	金晓	两襦咫尺	华中科技大学	白舸
三等奖	陈语、熊静仪、张彦歆	My Future Tense	厦门大学嘉庚学院	向雨鸣
	林雅婷	creation	厦门大学嘉庚学院	向雨鸣
	刘颖、薛柳诗、李雨珂	踏遍青山人未老——室内设计竞赛	厦门大学嘉庚学院	黄雨萌、李建晶
	陈菁颖	云戏山水	集美大学诚毅学院	崔胜伟
	蒋宇晨、陈少雄、谢皓翔	Customed House（可生长适应性居住空间概念设计）	福建工程学院建筑与城乡规划学院	薛小敏、丁榕峰
	王依菲	无界限住宅空间设计	昆明理工大学艺术与传媒学院	马云林
	高子鹏、卢婉婷、王钰鑫、庞静、张佳雯	猫宅	北京林业大学	周越
	张卫静	丝情画意	湖南省衡阳市南华大学	唐果、许媛媛
	徐静、胡雯、苏佳璐	星星的孩子——自闭症儿童居住空间设计	华中科技大学	白舸
	雷小波、官鑫、刘浩然	基于模块系统下的室内空间研究——住宅设计	天津大学仁爱学院	边小庆、常成、张宗森

奖项	单位	指导老师
最佳导师	华中科技大学	白舸
	南华大学	唐果、滕娇、杨喜生
	哈尔滨工业大学	王松华、张伟明
优秀导师奖	厦门大学嘉庚学院	向雨鸣、黄雨萌、李建晶
	昆明理工大学	李晶源、马云林
	华中科技大学建筑与城市规划学院	黄建军
	南华大学	陈祖展
	浙江工业大学建筑工程学院	吕勤智
导师奖	北京林业大学	周越
	福建工程学院建筑与城乡规划学院	薛小敏、丁榕峰
	南华大学	许媛媛
	集美大学诚毅学院	崔胜伟
	天津大学仁爱学院	边小庆、常成、张宗森
组织奖	福建农林大学金山学院	
	吉林动画学院	
	宁波大学科技学院	
	北京服装学院	
	西安建筑科技大学	
	广西科技大学	

"新人杯"

2017 年度中国室内设计影响力人物提名"诺贝尔瓷抛砖"巡讲北京站活动圆满举办

2017 年 9 月 5 日，中国建筑学会室内设计分会主办、杭州诺贝尔集团协办的 2017 年度中国室内设计影响力人物提名"诺贝尔瓷抛砖"巡讲第八站活动在北京北辰洲际酒店二层大宴会厅举行。中国建筑学会室内设计分会名誉理事长张世礼，中国建筑学会室内设计分会常务副理事长兼秘书长叶红，中国建筑学会室内设计分会资深顾问劳智权，杭州诺贝尔集团总裁沈建法，杭州诺贝尔集团副总裁沈建华，杭州诺贝尔陶瓷有限公司北京分公司总经理孙建国，中国建筑学会室内设计分会理事、学术委员会主任周浩明以及中国

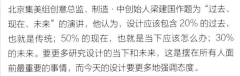

沈建法致辞时表示，诺贝尔瓷砖必须保持与建筑室内设计行业的深度交流，向大师请教设计创新流行趋势，让设计师更多地了解诺贝尔品牌旗下个系列产品的优点、特色，共同把中国装饰设计行业推新新的高度。

LSDCASA的创始人、艺术总监葛亚曦首先作题为"设计三阶"的演讲，通过三个项目分享自己的设计思考：第一是要解决问题，第二在解决问题的过程中必然会形成取舍，第三是传承价值。传承价值是考量设计最后是否可以被留存、被沟通、被示范的关键性的做法，是 LSDCASA 多年的坚持，并将继续坚持下去。

建筑学会室内设计分会理事闫志刚、张震斌、郭晓明、张磊、朱爱霞、李孝义、徐卫国、冀红、李瑞君、宋利民、王湘、虞德庆，2017 年度中国室内设计影响力人物提名设计师梁建国、葛亚曦和赖亚楠，多位嘉宾莅临现场。新浪家居全国总编戴蓓应邀主持，500 余名室内设计师到场聆听演讲并参观展览。

叶红在致辞中表示，2017 年度中国室内设计影响力人物提名"诺贝尔瓷抛砖"巡讲活动进入后半程，提名设计师带来各自最新的作品与观点，已与全国 5000 余名设计师现场碰撞，北京是第八站。希望通过精英人物、精英机构、企业携手，共同引领并带动中国室内设计持续健康发展。

北京集美组创意总监、制造·中创始人梁建国作题为"过去、现在、未来"的演讲，他认为，设计应该包含 20% 的过去，也就是传统；50% 的现在，也就是当下应该怎么办；30% 的未来。要更多研究设计的当下和未来，这是摆在所有人面前最重要的事情，而今天的设计要更多地强调态度。

互动环节，两位演讲人和 DOMO nature 创始人赖亚楠以及张震斌、闫志刚五位嘉宾共同登台，延续过去、现在和未来的主题进行交流，结合自身的体会对设计的未来提出问题，共同品味设计的今天，畅想设计的明天。

本次活动还邀请中华花艺文教基金会认证高级花艺师、中国传统花艺茶艺研究者高红女士，现场进行了精彩的花艺表演。同期举办的"诺贝尔瓷抛砖"巡展，以 18 位提名设计师各时期的代表作品以及他们 24 小时的日常安排为主要内容，并展示了每位设计师特别推荐的最值得阅读的书籍。展览吸引现场众多设计师驻足，参观的同时不断交换看法。

2017 年度中国室内设计影响力人物提名"诺贝尔瓷抛砖"巡讲北京站活动圆满结束，第九站活动于 9 月中旬在北方文化之都哈尔滨举办，陈耀光、萧爱彬与冰城设计师共话设计，下一站，更精彩！

2017 年度中国室内设计影响力人物提名"诺贝尔瓷抛砖"巡讲哈尔滨站活动成功举办

2017 年 9 月 15 日，2017 年度中国室内设计影响力人物提名"诺贝尔瓷抛砖"巡讲第九站活动在哈尔滨黑龙江太阳岛花园酒店一层大宴会厅举行。本次活动由中国建筑学会室内设计分会主办、第十一（哈尔滨）专业委员会承办、杭州诺贝尔集团协办，莅临现场的嘉宾有：中国建筑学会室内设计分会常务副理事长兼秘书长叶红，中国建筑学会室内设计分会副理事长王兆明，中国建筑学会室内设计分会资深顾问史春珊，杭州诺贝尔陶瓷有限公司营销副总裁刘木荣，杭州诺贝尔陶瓷有限公司哈尔滨分公司总经理孙飞鹏，中国建筑学会室内设计分会理事、第十一（哈尔滨）专委会主

任周立军及秘书长余洋，第四十四（大庆）专委会主任曹艳红及秘书长马令勇，第五十（佳木斯）专委会主任王严钧及秘书长王严民，中国建筑学会室内设计分会理事曹莉梅、范宏伟、韩冠恒、马辉、张旭明，黑龙江省材料协会会长赵勇、秘书长张迎，黑龙江省室内设计学会秘书长孙朋久，2017 年度中国室内设计影响力人物提名设计师陈耀光和第一届及第二届中国室内设计影响力人物获得者萧爱彬。《瑞丽家居设计》主编周小捷应邀主持，东北地区众多设计师到场聆听演讲并参观展览。

活动开始，叶红首先致辞。她表示，2013 年曾经在哈尔滨举办第二十三届年会，深刻的记忆难以忘怀，今天第三届影响力人物提名巡讲活动再次走进冰城，希望能为设计师带来新的思想碰撞，通过精英人物、精英机构和企业携手，共同引

领并带动中国室内设计持续健康发展。

刘木荣致辞时表示，诺贝尔作为瓷砖领导品牌，以设计领先、技术领先、品质领先、服务领先、价值领先引导行业发展，与设计届深度友好交流，愿意携手学会和设计师，为中国设计发声，为中国建筑美学贡献力量。

2011 年度中国室内设计十大影响力人物获得者、杭州典尚建筑装饰设计有限公司创始人陈耀光以"设计内外，完美有缺"为题作演讲。他认为，完美只是一种偶遇，而残缺是常态，项目是业主委托的一个期待，需要设计师为业主营造最高的

效率。让业主能够欣赏你，第一是要有准备，第二是要懂市场，绝对不是形象和口碑或者任何奖项能够代替的。

上海萧视设计装饰有限公司和"境物 Kingwood"创始人萧爱彬以"设计的 DNA"为题做演讲。他从学习版画艺术走入室内设计行业，又延伸到产品设计和景观设计，跨越设计的多个门类，体会过设计师的酸甜苦辣。他认为，设计师要具备广泛的知识，要下苦功夫，确实很不容易，只有热爱它，才能真正做好。

互动环节，主持人周小捷和两位演讲人围绕城市印象、原创设计以及文化传承等话题进行互动交流，希望年青设计师能够加强实践，找到触动心灵的那个点，做出精彩的设计。

本次活动还邀请师从台湾地区花艺大师魏铭辰的北京瑞娅花艺学校高级插花师杨旭明进行花艺表演，通过插花艺术演绎花艺与瓷抛砖的完美结合。同期举办的"诺贝尔瓷抛砖"巡展，以 18 位提名设计师各时期的代表作品以及他们 24 小时的日常安排为主要内容，并展示了每位设计师特别推荐的最值得阅读的书籍。展览吸引现场众多设计师驻足，参观的同时不断交换看法。

冰城金秋，再叙设计，2017 年度中国室内设计影响力人物提名"诺贝尔瓷抛砖"巡讲第九站活动圆满结束，第十站活动将于 9 月 27 日在厦门举办，余平、宋微建做演讲，敬请期待。

2017 第二十届中国室内设计大奖赛评审工作圆满结束

2017 年 9 月 16 日，第二十届中国室内设计大奖赛评审工作在北京落下帷幕，经过专家的严格评审，共评出等级奖 65 件、入选奖 152 件，最佳设计企业奖 10 家。

中国室内设计大奖赛作为一年一度最高规格的中国室内设计赛事，已连续举办二十届，因参赛范围广、评选规格高、参赛作品水准高获得业界一致认可。大赛旨在推动室内设计事业发展，表彰优秀室内设计作品和室内设计师，提高室内设计师创作水平，促进学术交流与学习。需要特别说明的是中国建筑学会室内设计分会将继续作为"中国建筑设计奖"室

评委根据大赛的参赛条件及要求，依据公平、公正、公开的原则，分别从作品的创新、功能、环保、健康、安全、美观等方面，按两大组别、分门别类地进行了评审。经过评委多轮的严格评审，共评出金奖作品 6 个，银奖作品 22 个，铜奖作品 37 个。

在本次评审过程中，评委一致认为，本次大赛在参赛数量上相比前几届有所下滑，参赛作品水平两级分化，作品展板的排版在内容上也往往抓不到重点。建议设计师们注意展板的内容展示，包括重点图片的介绍，作品的设计说明，要突出

《中国室内》杂志联手新浪家居共同打造"品鉴"直播参与人数突破 10 万

作为中国建筑学会室内设计分会会刊《中国室内》，自 2016 年 4 月开辟《案例品鉴》栏目，组织本刊编委奔赴各地亲身体验考察设计项目，与主创设计师面对面探讨项目设计的思考与成果，经验与教训，多角度品评鉴赏，深度剖析讲解。

受到广大读者的欢迎和肯定。2017 年，《中国室内》与新浪家居合作，网上实时直播品鉴过程，目前已经完成三期，参与人数迅速增加，效果火爆。

内设计奖项指定申报单位，将"中国室内设计大奖赛"与中国建筑领域"中国建筑设计奖"对接，大奖赛工程类等级奖项目符合中国建筑设计奖申报及评审条件的，将由室内设计分会向中国建筑学会推荐申报"中国建筑设计奖"。

自 2017 年 3 月启动以来，大奖赛共征集到参赛项目近六百件。参赛作品分为工程、方案两大类，工程类分为酒店会所类、餐饮类、休闲娱乐类、零售商业类、办公类、文化展览类、市政交通类、教育医疗类、住宅类九小类；方案类设立概念创新、文化传承、生态环保三类，另设新秀奖及最佳设计企业奖。

此次大奖赛评审组组长由上海应用技术大学环艺系系主 叶铮担任，中央美术学院建筑学院党总支书记傅 ，长沙佳日设计机构设计总监刘伟、深圳朗联设计顾问有限公司设计总监秦岳明，伍兹贝格建筑设计咨询（北京）有限公司合伙人、中国区办公室内设计总监袁文翰担任评审组组员。

重点，凸显特色。希望设计师们能取长补短，在今后的竞赛中能更好的展示出自己的作品。

本次大奖赛评审结果将于 11 月 10 日 CIID 第二十七届（江西）年会上正式公布并颁奖。

第一期品鉴活动走进大理混尘客舍，参与人数近 5 万人。第二期武汉当代艺术中心和第三期妙物办公空间设计，参与人数高达 10 万人以上，场外互动关注热度持续上升。第四期品鉴活动走进南京金鹰精品酒店。欢迎广大设计师关注"中国室内"微信公众号、"我的 CIID"微信号和新浪家居频道，获取活动预告信息。届时，中国室内新浪微博也将同期转载直播，敬请关注微博一直播 ID：252727019。参与互动提问，不但可以聆听设计师现场的回答反馈，还可以免费获赠当期《中国室内》杂志。

2017 年度中国室内设计影响力人物提名"诺贝尔瓷抛砖"巡讲活动在厦门完美收官

2017 年 9 月 27 日，2017 年度中国室内设计影响力人物提名"诺贝尔瓷抛砖"巡讲第 10 动在厦门五缘湾凯悦酒店三层大宴会厅举行。本次活动由中国建筑学会室内设计分会主办、第三十三（厦门）专业委员会承办、诺贝尔瓷抛砖协办，莅临现场的嘉宾有：中国建筑学会室内设计分会副理事长、第三十三（厦门）专业委员会秘书长孙建华，第八（福州）专业委员会主任彭晓、秘书长郑杨辉，第五十二（泉

州）专业委员会主任蔡沧洲、秘书长林俊雄，杭州诺贝尔陶瓷有限公司总裁沈建法，杭州诺贝尔陶瓷有限公司厦门分公司总经理杨真、福州分公司总经理陈佳飞，中国建筑学会室内设计分会理事康兵、姜辉、吴伟宏、李学锋，2017 年度中国室内设计影响力人物提名设计师余平和两届中国室内设计影响力人物获得者、特邀演讲嘉宾宋微建。《设计家》主编许晓东应邀主持，厦门地区众多设计师、高校师生及媒体代表共计 1000 余人，到场聆听演讲并参观展览，会场座无虚席，气氛热烈。

孙建华代表中国建筑学会室内设计分会首先致辞，希望通过本次活动，能使更多具有正知正见的精英设计师和精英机构

企业携手共进，担当行业与社会责任，引领并带动中国室内设计持续健康发展。

沈建法在致辞中表示：好的设计作品是设计理念与对应产品的完美结合，最大发挥诺贝尔瓷抛砖的能量，为设计创意带来更多的发挥空间，需要设计师的巧思妙想。诺贝尔愿意携手学会、设计师和业界精英，共同引领厦门建筑装饰设计行业的未来发展，为中国设计发声，为中国建筑美学贡献力量。

西安电子科技大学工业设计系教授余平以《古民居启示——我的设计实践》为题做演讲。他从"形、色、质"三个方面对古民居进行分析，形：原创的起点是现场；限制中的突破是一种智慧；放下"形式"，为适用而设计。色：对光的珍惜；单纯、无私；白色，变化即永恒。质：选用有生命属性的材质；工匠精神，情感温度；精神基因，踪迹之美。

两届中国室内设计影响力人物获得者、上海微建（Vjian）建筑空间设计有限公司董事长宋微建以《乡建与营造》为题做演讲。他认为，新建筑应道法自然，与当地建筑的形式有联系，但又不得复制古建筑。"看起来像没改造过一样"是对改造后村落最高的评价。

互动环节，主持人许晓东和孙建华、彭晓、郑杨辉、吴伟宏以及两位演讲人共同登台，就设计中传统文化与当代生活的有机结合、设计机构的规模与运营等问题进行交流，希望设计师能够尊重自然，坚持初心。

本次活动还邀请台湾地区中华农业报花芸协会会长、资深花芸讲师陈靓蓉女士进行花艺表演，插花艺术与瓷抛砖完美结合，演绎唯美境界。同期举办的"诺贝尔瓷抛砖"巡讲，以 18 位提名设计师各时期的代表作品以及他们 24 小时的日常安排为主要内容，并展示了每位设计师特别推荐的最值得阅读的书籍。展览吸引现场众多设计师驻足，参观的同时不断交换看法。

2017 年度中国室内设计影响力人物提名"诺贝尔瓷抛砖"全国巡讲活动，于 4 月从上海启动，历经长沙、宁波、深圳、重庆、武汉、南京、哈尔滨、北京、厦门共 10 座城市。18 位提名设计师各自带来最新的作品与观点，与 10 站 8000 余名设计师现场碰撞，在厦门完美收官！

中国室内

设计支持机构

ATENO 天诺国际设计顾问机构
www.ateno.com
0592-5085999

BIAD

环境 · 室内设计中心

北京建院装饰工程有限公司
www.biad-zs.com
010-88044823

J&A
杰|恩|设|计
JIANG & ASSOCIATES

J&A 杰恩设计公司
www.jaid.cn
0755-83416061

北京清尚建筑设计研究院有限公司
www.qingshangsj.com
010-62668109

华建集团上海现代建筑装饰环境设计
研究院有限公司
www.sxadl.com
021-52524567 转 60432

广西华蓝建筑装饰工程有限公司
www.hualanzs.com
0771-2438187

YANG

YANG 酒店设计集团
www.yanghd.com
0755-22211188

trendzône **DECORATION**
全 筑 股 份

上海全筑建筑装饰集团股份有限公司
www.trendzone.com.cn
021-64516569

广州集美组室内设计工程有限公司
www.newsdays.com.cn
020-66392488-129

深圳假日东方室内设计有限公司
www.hhdchina.com
0755-26604290

汤物臣·肯文创意集团
www.gzins.com
020-87378588

苏州金螳螂建筑装饰股份有限公司
www.goldmantis.com
0512-82272000

深圳市朗联设计顾问有限公司
www.rongor.com
0755-83953688

中国建筑设计院有限公司环艺院室内所
www.cadg.cn
010-88328389

石家庄常宏建筑装饰工程有限公司
www.changhong.cc
0311-89659217

苏州苏明装饰股份有限公司
www.smzs-sz.com
0512-65799685

中国中元国际工程有限公司
www.ippr.com.cn
010-68732404

苏州和氏设计营造股份有限公司
www.hisdesign.cn
0512-67157000-1001

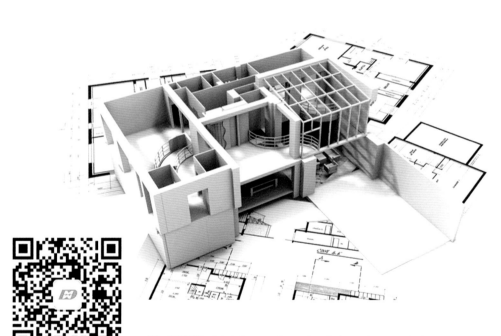